U0815407

DIANWANG SHEBEI JINSHU JIANDU KOUDAISHU

电网设备金属监督口袋书

国网浙江省电力有限公司电力科学研究院 编

中国电力出版社
CHINA ELECTRIC POWER PRESS

内容提要

为推动金属监督现场检测工作规范有序开展，提升技术人员检测水平，总结归纳了现阶段金属监督检测常用的理化及无损检测手段，编制了《电网设备金属监督口袋书》。

本书共分为3章，分别为电网设备金属监督项目及检测方法、理化检测、无损检测，简要介绍了目前金属监督常见检测项目及相应检测手段的原理，并以工序卡的形式归纳了各检测方法的适用范围、仪器设备、检测依据、操作步骤等。

本书可供从事电网设备金属监督检测工作的一线工作人员现场使用，也可供电网管理人员、生产厂家相关技术人员学习与参考使用。

图书在版编目（CIP）数据

电网设备金属监督口袋书 / 国网浙江省电力有限公司电力科学研究院编 . —北京：中国电力出版社，2020.12

ISBN 978-7-5198-5026-5

Ⅰ . ①电…　Ⅱ . ①国…　Ⅲ . ①电网－电力设备－金属材料－质量监督　Ⅳ . ① TM241

中国版本图书馆 CIP 数据核字（2020）第 186787 号

出版发行：中国电力出版社
地　　址：北京市东城区北京站西街 19 号（邮政编码 100005）
网　　址：http：//www.cepp.sgcc.com.cn
责任编辑：肖　敏（010-63412363）
责任校对：黄　蓓　常燕昆
装帧设计：郝晓燕
责任印制：石　雷

印　　刷：北京雁林吉兆印刷有限公司
版　　次：2020 年 12 月第一版
印　　次：2020 年 12 月北京第一次印刷
开　　本：880 毫米 ×1230 毫米　32 开本
印　　张：2.875
字　　数：77 千字
印　　数：0001—1500 册
定　　价：12.00 元

版权专有　侵权必究
本书如有印装质量问题，我社营销中心负责退换

《电网设备金属监督口袋书》编委会

主　　编　张　杰

副主编　赵洲峰　朱义勇

参　　编　鲁旷达　丁　杰　邹君文　孙庆峰

周　桢　金江舟　徐冬梅　徐　强

沈　茎　丁　敬　梅　简　赵　峥

徐　华　周敬嵩　胡勇明　莫金龙

汤义勤　范　明　张金鹏　刘乃杰

方　炯　赵铁林　韦立富　金国亮

周　平　邹宏亮　王　磊　张荣伟

曹　阳　王　康　周　彪　方　涛

林　钧　李国广　冯　谦　金琳峥

黄国良　王志惠　何喜梅　刘若溪

王　谦　车　瑶　于金山　高义斌

何　成　马君鹏　刘叙笔　岳贤强

熊建国　周正强　胡家元　罗宏建

周　进　裘吕超　周宇通　惠　洋

刘学广　吴一峰　李小英

前言

Preface

金属部件材料可靠是电网设备安全稳定运行的重要前提与基础。随着电网建设规模的不断扩大，对金属材料可靠性的要求不断提升。但就目前来看，各地电网公司金属专业起步较晚，一线金属检测人员技术基础较弱，水平参差不齐，检测工作也缺乏规范，这些都增加了电网运行的安全隐患与风险。因此，快速提高从业人员检测水平，加强对电网设备的质量管控工作就显得尤为重要。

本书共 3 章，分别为电网设备金属监督项目及检测方法、理化检测、无损检测，以现阶段常用检测手段为基础，从金属监督现场实际检测工作入手，以口袋书的形式简要概括了目前金属监督检测项目及机理、适用范围、质量依据、判定依据、操作过程等内容，内容简明扼要，对规范金属监督现场检测工作具有较强的指导意义。读者通过对本书的学习与使用，能较快掌握典型金属监督检测技术的操作要领，提高检测水平、规范检测工作。

本书由国网浙江省电力有限公司电力科学研究院、国网浙江省电力有限公司、上海材料研究所、浙江省电力锅炉压力容器检验所有限公司、国网德清县供电公司、国网湖州供电公司、国网台州供电公司、国网嘉兴供电公司、国网舟山供电公司、国网金华供电公司、国网杭州供电公司、国网绍兴供电公司、国网宁波供电公司、国网青海省电力公司电力科学研究院、国网北京市电力公司电力科学研究院、国网天津市电力公司电力科学研究院、国网山西省电力公司电力科学研究院、国网新疆电力有限公司电力科学研究院、江苏方天电力技术有限公司等单位专家联合编制完成。

本书可供从事电网设备金属监督检测工作的一线工作人员现场使用，也可供电网管理人员、生产厂家相关技术人员学习与参考使用。

由于编者的经验和水平有限，疏漏和谬误之处在所难免，恳请广大专家和读者提出宝贵意见，使之不断完善！

编者

2020 年 11 月

目录

Contents

第一章　电网设备金属监督项目及检测方法

电网设备金属监督项目及检测方法如表 1-1 所示。

表 1-1　　电网设备金属监督项目及检测方法

监督项目分类		检测方法	主要仪器设备	监督项目内容（举例）
理化检测	金属材质检测	台式直读光谱分析法	台式直读光谱仪、标准试块等	电网设备不锈钢部件（户外箱体、轴销、防雨罩等）材质检测；铜部件（抱箍线夹等）材质检测；铝部件（充气阀门等）材质检测
		便携式X射线荧光光谱分析法	便携式X射线荧光光谱仪、标准试块等	
	电导率检测	涡流法电导率检测	涡流法电导率检测仪等	开关柜铜排、跌落式熔断器导电片、柱上断路器接线端子等的电导率检测
	机械性能检测	金属材料拉伸试验	万能试验机、夹具等	地脚螺栓拉伸试验
		金属材料弯曲试验	万能试验机、夹具等	金属材料弯曲性能
		金属材料冲击试验	冲击试验机等	金属材料冲击性能

续表

监督项目分类		检测方法	主要仪器设备	监督项目内容（举例）
理化检测	机械性能检测	维氏硬度检测	维氏硬度计、硬度标准块等	地脚螺栓螺母维氏硬度检测
		螺栓楔负载试验	万能试验机、夹具等	输电线路紧固件螺栓楔负载试验
		螺母保证载荷试验	万能试验机、夹具等	输电线路紧固件螺母保证载荷试验
		金具机械破坏载荷试验	拉力试验机、夹具等	输电线路金具机械破坏载荷试验
		金具握力试验	拉力试验机、夹具等	输电线路金具握力试验
	金相检测	金相检测	切割机、砂纸、镶嵌机、抛光机、光学显微镜等	金属金相检测
	扫描电子显微镜（SEM）与能谱仪（EDS）检测	SEM 与 EDS 检测	SEM、EDS、喷金 / 碳仪、超声清洗机等	金属微区形貌检测、微区成分检测
无损检测	超声波检测	钢管焊缝 A 型脉冲超声波检测	超声波探伤仪、超声试块、耦合剂等	钢管焊缝超声探伤

续表

监督项目分类		检测方法	主要仪器设备	监督项目内容（举例）
无损检测	超声波检测	铝制气体绝缘金属封闭开关设备（GIS）壳体焊缝 A 型脉冲超声波检测	超声波探伤仪、超声试块、耦合剂等	GIS 壳体超声探伤
	超声波检测	支柱瓷绝缘子及瓷套 A 型脉冲超声波检测	超声波探伤仪、超声试块、耦合剂等	支柱瓷绝缘子及瓷套超声探伤
		超声波测厚	超声波测厚仪、标准厚度试块、耦合剂等	户外密封箱体、开关柜柜体、柱上断路器外壳、JP 柜（综合配电柜）箱体、环网柜箱体等厚度检测
		相控阵检测	超声波相控阵仪器、超声试块、耦合剂等	焊缝探伤
		超声波衍射时差法（TOFD）检测	TOFD 检测仪、超声试块、耦合剂等	焊缝探伤
	X 射线检测	“三跨”线路耐张线夹压接质量 X 射线检测	X 射线检测仪、成像板、激光扫描仪、专用笔记本电脑等	“三跨”线路耐张线夹压接质量 X 射线检测

续表

监督项目分类		检测方法	主要仪器设备	监督项目内容（举例）
无损检测	X射线检测	GIS设备X射线检测	X射线检测仪、成像板、激光扫描仪、专用笔记本电脑等	GIS设备X射线检测
	表面检测	磁粉检测	磁粉探伤仪、磁粉、磁悬液等	金属表面探伤
		渗透检测	清洗剂、渗透剂、显像剂等	金属表面探伤
	镀层厚度检测	X射线荧光法镀层厚度检测	X射线荧光法镀层测厚仪、纯金属元素标准块、镀层厚度标准片等	触头等导电接触部位镀银层厚度检测
		磁性法镀层厚度检测	磁性法镀层测厚仪、校准用基板、镀层厚度标准片等	铁基体上的镀锌层、铜覆层、有机涂层厚度检测
		涡流法镀层厚度检测	涡流法镀层测厚仪、校准用基板、镀层厚度标准片等	铝、铜基体上的有机涂层厚度检测

第二章 理化检测

第一节 金属材质检测

一、台式直读光谱分析法

台式直读光谱分析工作工序卡如表 2-1 所示。

表 2-1 台式直读光谱分析工作工序卡

适用范围	本方法适用于电网设备不锈钢部件（户外箱体、轴销、防雨罩等）、铜部件（抱箍线夹等）、铝部件（充气阀门等）材质的定量检测，一般适用于试验室检测
检测依据标准	GB/T 223.79—2007《钢铁 多元素含量的测定 X- 射线荧光光谱法（常规法）》
	GB/T 4336—2016《碳素钢和中低合金钢 多元素含量的测定 火花放电原子发射光谱法（常规法）》
	GB/T 11170—2008《不锈钢多元素含量的测定火花放电原子发射光谱法（常规法）》
	DL/T 991—2006《电力设备金属光谱分析技术导则》
质量判定依据	轴销质量判定依据 Q/GDW 11717—2017《电网设备金属技术监督导则》第 9.2.7 条规定，轴销及开口销的材质应为 06Cr19Ni10 的奥氏体不锈钢

续表

质量判定依据	户外密闭箱体质量判定依据 Q/GDW 11717—2017《电网设备金属技术监督导则》第 16.3.1 条规定，户外密闭箱体的材质应为 06Cr19Ni10 的奥氏体不锈钢或耐蚀铝合金，不能使用 2 系或 7 系铝合金
	防雨罩质量判定依据 Q/GDW 11717—2017《电网设备金属技术监督导则》第 16.3.3 条规定，防雨罩材质应为 06Cr19Ni10 的奥氏体不锈钢或耐蚀铝合金
	变压器、电抗器抱箍线夹质量判定依据 GB/T 2314—2008《电力金具通用技术条件》第 5.5 条规定，以铜合金制造的金具，其铜含量应不低于 80%
	互感器及组合电器充气阀门质量判定依据 Q/GDW 11717—2017《电网设备金属技术监督导则》第 10.2.4 条规定，气体绝缘互感器充气接头不应采用 2 系或 7 系铝合金
	其他金属部件材质质量判定参考该部件相应标准： 1）钢材牌号及化学成分依据 GB/T 700—2006《碳素结构钢》、GB/T 1220—2007《不锈钢棒》、GB/T 1591—2018《低合金高强度结构钢》、GB/T 20878—2007《不锈钢和耐热钢 牌号及化学成分》等标准规定。 2）铝材牌号及化学成分依据 GB/T 3190—2008《变形铝及铝合金化学成分》等标准规定。 3）铜材牌号及化学成分依据 GB/T 5231—2012《加工铜及铜合金牌号和化学成分》等标准规定
仪器设备	台式直读光谱仪、氩气瓶、标准样品、切割机、铣床、磨床等（符合 GB/T 11170—2008《不锈钢 多元素含量的测定 火花放电原子发射光谱法（常规法）》中对仪器设备技术要求）
工前准备	（1）检查直读光谱仪、氩气瓶和氩气净化系统是否正常，所有仪器设备、标准样品等是否均在校准有效期内
	（2）记录被检样品的编号、材料牌号、热处理状态、规格和用途等

续表

工前准备	（3）试样准备。 1）所取样品表面能至少保证不重复激发3次，且样品表面无物理缺陷。 2）应选用被检材料的平整面作为分析面，分析面应符合直读光谱仪操作说明书要求。 3）检查被检样品的表面状况，是否存在镀层、油漆和油污等影响分析结果的因素；若被检样品表面存在镀层等，采取必要的防范措施（如打磨去除表面镀层等）。 4）分析铁基、镍基、钴基和钛基材料，分析面可用砂轮机或砂纸打磨处理。 5）分析铁基、镍基、钴基和钛基材料中铝元素时，分析面不应使用含铝的磨料（如氧化铝）打磨处理。 6）分析铁基、镍基、钴基和钛基材料中硅元素时，分析面不应使用硅砂轮或硅磨料打磨处理。 7）分析铁基、镍基、钴基和钛基材料中碳元素时，分析面不应使用含碳的磨料（如碳化硅）打磨处理。 8）分析钢基和铝基材料时，分析面不宜用砂轮机打磨，宜用车床或铣床加工处理，车铣时可用工业纯乙醇冷却、润滑，不允许用其他冷却液或润滑液。 9）被检材料经加工处理后，分析面应露出金属光泽，肉眼检查不得有裂纹、疏松、腐蚀、氧化及油污等。 10）标准样品、控制样品和被检样品均在同一条件下研磨，不得过热。 11）不应用手触摸被检材料的分析面
检测步骤（不同仪器设备有所不同）	（1）检测时要求检测样品能完全覆盖检测窗口，且能至少保证能不重复激发3次；若检测样品较小，无法满足要求时，须考虑使用适当方法（如检测适配器等），保证检测精确度

续表

检测步骤（不同仪器设备有所不同）	（2）样品准备完毕后，连接电源，打开氩气总开关，将输出压力调节至仪器要求值
	（3）测定仪器真空度，保证检测样品在激发过程中的测量灵敏度
	（4）利用标准样品对仪器进行校准，确保检测过程中的准确度
	（5）校准结束后，开始对检测样品进行测量。在样品不同位置激发3次，比较3次的检测结果没有较大差异（相差小于5%），所得的平均值即为样品的最终成分检测结果
	（6）若采用花火激发式台式光谱仪，每次激发结束后，清理钨极激发头，避免样品与电极反应产生的氧化物交叉污染影响检测结果
数据记录与报告出具	检测记录至少应包括以下主要内容：①记录编号；②检测标准；③检测对象；④检测设备名称、型号、编号和器材；⑤检测精度；⑥检测示意图；⑦检测原始数据；⑧检测数据的评定结果；⑨检测和记录人员；⑩检测日期。 检测报告至少要包含以下内容：①报告编号；②检测标准；③检测对象；④检测设备名称、型号和编号；⑤检测精度；⑥检测示意图；⑦检测结果和检测结论；⑧报告编写者和审核者；⑨编制日期

危险源	预防措施
试样机加工过程中，碎屑及试样本身甩出伤人	切削、打磨样品时应佩戴护目镜等防护措施
不当使用切割机、铣床、磨床等机加工设备，造成人身伤害	严格按照切割机、铣床、磨床等设备的安全操作规程操作
机加工后试样发热烫伤人体	刚切削、打磨完的样品，切勿用手直接触摸未冷却的切削、打磨面，以免烫伤
X射线原理光谱仪的辐射	保持安全距离，按仪器安全操作规范做好射线防护措施
清理或更换钨极激发头时触电和烫伤	在清理或更换钨极激发头时，应确保光谱仪电源已切断，激发头得到充分的冷却

二、便携式 X 射线荧光光谱分析法

便携式 X 射线荧光光谱分析工作工序卡如表 2-2 所示。

表 2–2　　便携式 X 射线荧光光谱分析工作工序卡

适用范围	本方法适用于电网设备不锈钢部件（户外箱体、轴销、防雨罩等）、铜部件（抱箍线夹等）、铝部件（充气阀门等）材质的半定量检测，可用于工程现场检测
检测依据标准	GB/T 223.79—2007《钢铁 多元素含量的测定 X- 射线荧光光谱法 (常规法)》
	DL/T 991—2006《电力设备金属光谱分析技术导则》
质量判定依据	轴销质量判定依据 Q/GDW 11717—2017《电网设备金属技术监督导则》第 9.2.7 条规定，轴销及开口销的材质应为 06Cr19Ni10 的奥氏体不锈钢
	户外密闭箱体质量判定依据 Q/GDW 11717—2017《电网设备金属技术监督导则》第 16.3.1 条规定，户外密闭箱体的材质应为 06Cr19Ni10 的奥氏体不锈钢或耐蚀铝合金，不能使用 2 系或 7 系铝合金
	防雨罩质量判定依据 Q/GDW 11717—2017《电网设备金属技术监督导则》第 16.3.3 条要求，防雨罩材质应为 06Cr19Ni10 的奥氏体不锈钢或耐蚀铝合金
	变压器、电抗器抱箍线夹质量判定依据 GB/T 2314—2008《电力金具通用技术条件》第 5.5 条规定，以铜合金制造的金具，其铜含量应不低于 80%
	互感器及组合电器充气阀门质量判定依据 Q/GDW 11717—2017《电网设备金属技术监督导则》第 10.2.4 条规定，气体绝缘互感器充气接头不应采用 2 系或 7 系铝合金

续表

质量判定依据	其他金属部件材质质量判定参考该部件相应标准： 1）钢材牌号及化学成分依据 GB/T 700—2006《碳素结构钢》、GB/T 1220—2007《不锈钢棒》、GB/T 1591—2018《低合金高强度结构钢》、GB/T 20878—2007《不锈钢和耐热钢 牌号及化学成分》等标准规定。 2）铝材牌号及化学成分依据 GB/T 3190—2008《变形铝及铝合金化学成分》等标准规定。 3）铜材牌号及化学成分依据 GB/T 5231—2012《加工铜及铜合金牌号和化学成分》等标准规定
仪器设备	便携式 X 射线荧光光谱仪、标准样品、锉刀和打磨砂纸等
工前准备	（1）记录被检样品的编号、材料牌号、热处理状态、规格和用途等
	（2）检查被检样品的表面状况，是否存在镀层、油漆及油污等影响分析结果的因素；若被检样品表面存在镀层等，采取必要的防范措施（如打磨去除表面镀层等）
检测步骤（不同仪器设备有所不同）	（1）检查仪器、标准试块等是否完好、齐全
	（2）开机，完成仪器自校准，采用标准试块对 X 射线荧光光谱仪进行校核
	（3）擦拭试件待检部位
	（4）将 X 射线荧光光谱仪的检测窗口垂直并紧贴检测部位进行检测，检测时间应不少于 10s，检测过程中仪器检测窗口不得移动，光谱仪检测窗口严禁朝向人
	（5）长方体箱体 6 个面中，每一面应不少于 1 个检测部位，轴销应检测端面，闭口销应检测直段部位
	（6）检测结束后，整理标准试块和试件，记录相关检测数据

续表

数据记录与报告出具	检测记录至少应包括以下主要内容：①记录编号；②检测标准；③检测对象；④检测设备名称、型号、编号和器材；⑤检测精度；⑥检测示意图；⑦检测原始数据；⑧检测数据的评定结果；⑨检测和记录人员；⑩检测日期。 检测报告至少要包含以下内容：①报告编号；②检测标准；③检测对象；④检测设备名称、型号和编号；⑤检测精度；⑥检测示意图；⑦检测结果和检测结论；⑧报告编写者和审核者；⑨编制日期

危险源	预防措施
高处作业，防止高处坠落	佩戴安全带
现场工作时，高空坠物	在现场必须确保正确佩戴安全帽
现场工作时，地面的沟、孔、洞	在现场行走时仔细观察地面的沟、孔、洞，注意安全。现场的沟、孔、洞应设置围栏，禁止跨越
X 射线辐射	保持设备安全距离，严禁将仪器测试窗口对人
未进行检测时，仪器误开启	检测结束后取下仪器电池，妥善放置仪器

第二节　导电率检测

铜排导电率涡流法检测工作工序卡如表 2-3 所示。

表 2–3　　铜排导电率涡流法检测工作工序卡

适用范围	本方法适用于电网设备铜排（开关柜铜排等）导电率的检测，可用于工程现场检测
检测依据标准	GB/T 32791—2016《铜及铜合金导电率涡流测试方法》
质量判定依据	铜排导电率判定依据 Q/GDW 13088.1—2018《12kV~40.5kV 高压开关柜采购标准 第 1 部分：通用技术规范》第 5.10.2 条规定，母线材质为 T2 铜，电导率 ≥ 56S/m（即导电率 ≥ 96.6%IACS）
仪器设备	导电率测试仪、标准试块等
工前准备	（1）准备两块标准试块，一块高值标准试块，一块低值标准试块。标准试块表面粗糙度 *Ra* 不大于 3.2μm，且表面应清洁，无锈蚀、无划伤
	（2）被检测件材质应均匀、无铁磁性。试样检测面应为平面，表面粗糙度 *Ra* 不大于 6.3μm。检测面应光滑、清洁，无氧化皮、油漆、腐蚀斑、灰尘及镀层等
	（3）测试的环境温度应保持在（20±5）℃范围内，并且探头、仪器、标准试块和试样的温度应达到一致。具有温度补偿功能的仪器，可在仪器补偿温度允许范围内的环境温度下进行导电率测试
	（4）测试前，把标准块和被测工件放置环境温度下 30min 以上
检测步骤（不同仪器设备有所不同）	（1）开机，选择校准模式
	（2）设置当前环境温度，将探头放置在试块上，等待温度趋于稳定后，点击“温度”后确认
	（3）进入测标准试块界面，输入低值标准试块校正值、校准当前温度值、输入标准试块材料，设置好后在标准试块上测试 3~5 次后点击“继续”

续表

检测步骤（不同仪器设备有所不同）	（4）输入高值标准试块校正值、校准当前温度值、输入标准试块材料，设置好后在标准试块上测试 3~5 次后点击“完成”。校正完成后分别在两块试块上进行复核
	（5）进入测量界面，选择测试材料、设置环境温度后测试
	（6）每个试样至少选择 3 个测试部位进行导电率测试，取其算术平均值作为最终测试结果
	（7）板材试样应在中心处和接近边角处等有代表性部位进行测试
	（8）测试时探头应平稳地置于试样表面的测试部位上，探头表面与测试面平行紧贴
	（9）仪器连续工作时，应每隔 2h 校准一次
	（10）检测结束后，整理标准试块和试件，记录相关检测数据
数据记录与报告出具	检测记录至少应包括以下主要内容：①记录编号；②检测标准；③检测对象；④检测设备名称、型号、编号和器材；⑤检测精度；⑥检测示意图；⑦检测原始数据；⑧检测数据的评定结果；⑨检测和记录人员；⑩检测日期。 检测报告至少要包含以下内容：①报告编号；②检测标准；③检测对象；④检测设备名称、型号和编号；⑤检测精度；⑥检测示意图；⑦检测结果和检测结论；⑧报告编写者和审核者；⑨编制日期
危险源	预防措施
现场工作时，高空坠物	在现场必须确保正确佩戴安全帽
现场工作时，地面的沟、孔、洞	在现场行走时仔细观察地面的沟、孔、洞，注意安全
未进行检测时，仪器误开启	检测结束后取下仪器电池

第三节　机械性能检测

一、金属材料拉伸试验

金属材料拉伸试验工作工序卡如表 2-4 所示。

表 2-4　　金属材料拉伸试验工作工序卡

适用范围	本方法适用于一般金属材料及用于输电线路地脚螺栓的破坏性拉伸工作，拉伸试验包括常温拉伸
检测依据标准	GB/T 228.1—2010《金属材料 拉伸试验 第 1 部分：室温试验方法》
	DL/T 1236—2013《输电杆塔用地脚螺栓与螺母》
质量判定依据	一般金属材质，按照材料牌号，依据相应的产品标准对测定的结果进行判定
	输电线路地脚螺栓按 DL/T 1236—2013《输电杆塔用地脚螺栓与螺母》判定
仪器设备	拉伸试验机、夹具、尺寸测量工具（游标卡尺、螺旋测微器等）
工前准备	（1）记录被检样品的编号、材料牌号、热处理状态、规格和用途等
	（2）检查仪器设备是否正常，是否在校准有效期内
检测步骤（不同仪器设备有所不同）	（1）编辑试验方案，根据产品标准确定需要检测的要素，根据试样的材质确定是否需要使用引伸计。一般情况下，屈服现象明显的可不使用引伸计，无明显屈服现象的则需要使用引伸计，如有特殊需要则依情况而定

续表

检测步骤（不同仪器设备有所不同）	（2）测量待拉伸样品的实际尺寸，并用适当的方法在试样上标注好标距
	（3）在试验加载链装配完成后，试样两端被夹持之前，应设定力测量系统和变形量测量系统的零点。一旦设定了零点，在试验期间力测量系统和变形量测量系统不能再发生变化
	（4）应根据具体的试样需要，采用楔形夹头、螺纹夹头和平推夹头和套环夹具等合适的夹具夹持试样
	（5）施加拉力，在达到预设的变形后要迅速去掉引伸计，以免损坏
数据记录与报告出具	检测记录至少应包括以下主要内容：①记录编号；②检测标准；③检测对象；④检测设备名称、型号、编号和器材；⑤检测精度；⑥检测示意图；⑦检测原始数据；⑧检测和记录人员；⑨检测日期。 检测报告至少要包含以下内容：①试验条件信息；②试样标识；③材料名称和牌号；④试样类型；⑤试样的取样方向和位置；⑥试验控制模式和试验速率或试验速率范围；⑦试验和判定结果。⑧报告编写者和审核者；⑨编制日期

危险源	预防措施
操作不当引起的夹头松脱导致试件坠落或试件、设备挤压、紧固件失效	保持安全距离，当测试正在进行时，绝不允许旁观者触摸试样或设备；拉伸试验机周围设置防护网
高温试验时电炉箱没有关紧，高温试件裸露	由经过培训的专人进行操作和维护，未经允许，任何人不得擅自操作电炉
尖锐物体刺穿皮管引起泄漏	保护软管和电缆使其不被尖锐或研磨的物体损坏
高压开关和电缆	在现场，看清粘贴于系统设备上的危险提示，如“压碎危险”“电压危险”等

二、金属材料弯曲试验

金属材料弯曲试验工作工序卡如表 2-5 所示。

表 2–5　　金属材料弯曲试验工作工序卡

适用范围	本方法适用于电网设备中的钢管杆及其他一般金属材料
检测依据标准	GB/T 232—2010《金属材料 弯曲试验方法》
	YB/T 5349—2014《金属材料 弯曲力学性能试验方法》
质量判定依据	按照材料牌号，依据相应的产品标准对测定的结果进行判定
仪器设备	各类万能试验机和压力试验机均可使用，试验机应有三点弯曲和四点弯曲试验装置
工前准备	（1）检查仪器设备是否正常，是否在校准有效期内
	（2）记录被检样品的编号、材料牌号、热处理状态、规格和用途等
检测步骤（不同仪器设备有所不同）	（1）测量实际尺寸： 1）圆形横截面试样应在跨距两端和中间处两个相互垂直的方向测量其直径。计算弯曲弹性模量时，取用 3 处直径测量值的算术平均值；计算弯曲应力时，取用中间处直径测量值的算术平均值。 2）矩形横截面试样应在跨距两端和中间处分别测量其高度和宽度。计算弯曲弹性模量时，取用高度测量值的算术平均值和 3 处直径测量值的算术平均值；计算弯曲应力时，取用中间处直径测量值的算术平均值
	（2）根据需要选用与试样相匹配的挠度计
	（3）计算并调好支承滚柱间距。把样品放在支承滚柱正中间，样品中心与三点弯曲装置施力滚柱对准，或与四点弯曲装置两个施力滚柱中间点对准

续表

检测步骤（不同仪器设备有所不同）	（4）调整施力滚柱，使其刚好与样品接触，数值清零后开始加载	
	（5）试验时，弯曲应力增加速率应控制在 3~30MPa/s 范围内某个尽量恒定的值	
	（6）弯曲至要求的角度后，卸载，观察面弯和背弯处有无断裂或裂纹	
数据记录与报告出具	检测记录至少应包括以下主要内容：①记录编号；②检测标准；③检测对象；④检测设备名称、型号、编号和器材；⑤检测精度；⑥检测示意图；⑦检测原始数据；⑧检测和记录人员；⑨检测日期。 检测报告至少要包含以下内容：①材料牌号；②试样类型；③试样状态；④弯曲试验方式；⑤跨距；⑥弯曲力学性能；⑦报告编写者和审核者；⑧编制日期	
危险源		预防措施
高压开关和电缆		在现场，看清粘贴于系统设备上的危险提示，如“压碎危险”“电压危险”等
操作不当引起的弯曲松脱导致试件坠落或试件、设备挤压、紧固件失效		保持安全距离，当测试正在进行时，绝不允许旁观者触摸试样或设备；试验机周围设置防护网
试验破坏的尖锐破裂面		试验过程中佩戴相应的劳保用品

三、金属材料冲击试验

金属材料冲击试验工作工序卡如表 2-6 所示。

表 2-6　　金属材料冲击试验工作工序卡

适用范围	本方法适用于电网设备中的金属材料
检测依据标准	GB/T 229—2007《金属材料 夏比摆锤冲击试验方法》
	GB/T 2975—2018《钢及钢产品 力学性能试验取样位置及试样制备》
质量判定依据	按照材料牌号，依据相应的产品标准对测定的结果进行判定
仪器设备	摆锤式冲击试验机
工前准备	（1）检查仪器设备是否正常，是否在校准有效期内
	（2）记录被检样品的编号、材料牌号、热处理状态、规格和用途等
检测步骤（不同仪器设备有所不同）	（1）按照 GB/T 2975—2018《钢及钢产品 力学性能试验取样位置及试样制备》加工试样
	（2）试样应紧贴试验机砧座，锤刃沿缺口对称面打击试样缺口的背面，试样缺口对称面偏离两砧座间的中点应不大于 0.5mm
	（3）试验前应检查摆锤空打时的回零或空载能耗。试验前应检查砧座跨距，砧座跨距应保证在 $40^{+0.2}$mm 以内
	（4）试验结束后要检查试样情况，出现卡锤要彻底检查试验机，试验未断裂要在试验报告中注明
数据记录与报告出具	检测记录至少应包括以下主要内容：①记录编号；②检测标准；③检测对象；④检测设备名称、型号、编号和器材；⑤检测精度；⑥检测示意图；⑦检测原始数据；⑧检测和记录人员；⑨检测日期。 检测报告至少要包含以下内容：①材料牌号；②缺口类型；③与标准尺寸不同的试样尺寸；④试验温度；⑤吸收能量；⑥可能影响试验的异常情况等；⑦报告编写者和审核者；⑧编制日期

续表

危险源	预防措施
试验破坏的尖锐破裂面	试验过程中佩戴相应的劳保用品
摆锤失锁误冲击	使用前要检查仪器
摆锤现场条件	现场张贴“试验区域，禁止进入”标识

四、维氏硬度检测

维氏硬度检测工作工序卡如表 2-7 所示。

表 2-7　　维氏硬度检测工作工序卡

适用范围	本方法适用于所有规格和所有性能等级的地脚螺栓
检测依据标准	GB/T 4340.1—2009《金属材料 维氏硬度试验 第 1 部分：试验方法》
	DL/T 1236—2013《输电杆塔用地脚螺栓与螺母》
质量判定依据	地脚螺栓硬度质量判定依据 DL/T 1236—2013《输电杆塔用地脚螺栓与螺母》第 5.4 条表 10 和表 11 的规定
	螺母硬度质量判定依据根据 DL/T 1236—2013《输电杆塔用地脚螺栓与螺母》第 5.4 条表 12~ 表 14 的规定
	一般金属材质，按照材料牌号，依据相应的产品标准对测定的结果进行判定
仪器设备	维氏硬度计、硬度标准块
工前准备	（1）接通电源，打开硬度计开关至开机状态，检查是否正常
	（2）试验的试验面一般应是光滑平面，不应有氧化皮及其他污物，试验面粗糙度必须保证压痕对角线精确地测量

续表

工前准备	（3）在试样制备过程中，应尽量避免由于受热、冷加工等对试样表面硬度的影响
	（4）试样或试验层的厚度至少应为压痕对角线平均长度的 1.1 倍，试样背面不应出现可见变形压痕
	（5）用相应的标准硬度块对硬度计进行校验
检测步骤（不同仪器设备有所不同）	（1）在模式选项内选择维氏压头，选择合适的力值，选择保持时间 10s，选择合适的放大倍数
	（2）将试件放置在工作台上（不超过工作台最大承重）
	（3）手动控制摄像头进行粗调对焦，样品表面清晰显示后自动对焦。注意：应小心进行调焦，避免试件和压头或镜头相撞，发生碰撞会对这些部件造成损坏
	（4）测试并记录结果
	（5）测量完毕后取走试件，关闭硬度计，断开电源后清扫工作台面
数据记录与报告出具	检测记录至少应包括以下主要内容：①记录编号；②检测标准；③检测对象、材质；④检测设备名称、型号、检定日期、编号和器材；⑤标准硬度块标定值；⑥示值误差、示值允差要求及结论；⑦检测原始数据；⑧检测人员和校核人员；⑨检测日期。 检测报告至少要包含以下内容：①报告编号；②检测标准；③检测对象；④委托单位、单位地址；⑤检测设备名称、检定有效期限、型号和编号；⑥检测结果和检测结论；⑦报告编写者和审核者；⑧编制日期

危险源	预防措施
打磨时金属渣飞溅	佩戴护目镜
利器割伤	佩戴防护手套
打磨时噪声危害	佩戴隔声耳塞

五、螺栓楔负载试验

螺栓楔负载试验工作工序卡如表 2-8 所示。

表 2–8　　　　螺栓楔负载试验工作工序卡

适用范围	本方法适用于输电线路紧固件螺栓，一般适用于试验室检测
检测依据标准	GB/T 228.1—2010《金属材料 拉伸试验 第 1 部分：室温试验方法》
	GB/T 3098.1—2010《紧固件机械性能 螺栓、螺钉和螺柱》
	GB/T 16825.1—2008《静力单轴试验机的检验 第 1 部分：拉力和（或）压力试验机测力系统的检验与校准》
	DL/T 1236—2013《输电杆塔用地脚螺栓与螺母》
	DL/T 284—2012《输电线路杆塔及电力金具用热浸镀锌螺栓与螺母》
质量判定依据	螺栓的质量判定根据 GB/T 3098.1—2010《紧固件机械性能 螺栓、螺钉和螺柱》第 9.1.6.1.2 条和第 9.1.6.2 条的规定，不应断裂在头部；带无螺纹杆部的螺栓不应在头与杆部交接处断裂；全螺纹的螺栓，如断裂始于未旋合螺纹的长度内，允许在拉断前已延伸或扩展到头部与螺纹交接处，或者进入头部；螺栓最小拉力载荷 F_{min} 应符合表 4 或表 6 的规定
仪器设备	拉力试验机、夹具、楔垫
工前准备	（1）被检样品应符合 GB/T 3098.1—2010《紧固件机械性能 螺栓、螺钉和螺柱》第 9.1.2 条的规定，并经尺寸、外观等检验合格的螺栓或螺钉成品

续表

工前准备	（2）检查拉力试验机、夹具、楔垫和螺纹夹具是否正常，拉力试验机应符合 GB/T 16825.1—2008《静力单轴试验机的检验 第1部分：拉力和（或）压力试验机测力系统的检验与校准》的规定；夹具、楔垫应符合 GB/T 3098.1—2010《紧固件机械性能 螺栓、螺钉和螺柱》第 9.1.4 的规定，所有仪器设备是否均在校准有效期内
	（3）应明确被检螺栓或螺钉的等级，记录被检样品的编号、性能等级等
检测步骤（不同仪器设备有所不同）	（1）打开总电源和试验机开关
	（2）启动电脑，运行软件，进入联机状态，在软件窗口选择设置好的试验方案并设置好试验用户参数，将力值、位移调零。
	（3）根据试件的形状及尺寸按 GB/T 3098.1—2010《紧固件机械性能 螺栓、螺钉和螺柱》中表 16 规定选择楔垫角度，将楔垫按 GB/T 3098.1—2010《紧固件机械性能 螺栓、螺钉和螺柱》第 9.1.4 条图 1 所示置于螺栓或螺钉头下，装夹试件，未旋合螺纹长度 $l_{th} \geqslant 1d$（d 为螺纹公称直径）。对带短螺纹长度螺栓的楔负载拉力试验，允许的未旋合螺纹的长度 $l_{th} \leqslant 1d$
	（4）应按 GB/T 228.1—2010《金属材料 拉伸试验 第1部分：室温试验方法》的规定进行楔负载拉力试验。试验机夹头的分离速率，不应超过 25mm/min
	（5）拉力试验应持续进行，直至断裂
	（6）头部支承面直径超过 1.7d 而未通过楔负载试验的螺栓和螺钉成品，可将头部加工到 1.7d，并按规定的楔垫角度再次进行试验。此外，对头部支承面直径超过 1.9d 的螺栓和螺钉成品，可将楔垫角度 10° 减小为 6°

续表

检测步骤（不同仪器设备有所不同）	（7）试验结果根据质量判定依据进行判定
	（8）正确记录试验数据并编制试验报告，做完的试件进行封存，拉力试验机关机。清理工作台，做好防锈工作
数据记录与报告出具	检测记录至少应包括以下主要内容：①记录编号；②检测标准；③检测对象；④检测设备名称、型号、编号和器材；⑤检测精度；⑥检测示意图；⑦检测原始数据；⑧检测数据的评定结果；⑨检测和记录人员；⑩检测日期。 检测报告至少要包含以下内容：①报告编号；②检测标准；③检测对象；④检测设备名称、型号和编号；⑤检测精度；⑥检测示意图；⑦检测结果和检测结论；⑧报告编写者和审核者；⑨编制日期
危险源	预防措施
操作不当引起的夹头松脱导致试件坠落或试件、设备挤压	由经过培训的专人进行操作和维护，未经同意，任何人不得擅自操作该设备
螺栓断裂时射出	让操作者和旁观者与所有的仪器保持安全距离，当测试正在进行时，绝不允许操作者和旁观者触摸试样或设备
尖锐物体刺穿皮管和电缆引起漏油、漏电	保护软管和电缆使其不被尖锐或粗糙的物体损坏，不要与液压传动装置溢出的液体接触。不要在软管和电缆上行走或将重物压在上面。使软管和电缆远离那些可能会对它们造成损伤的区域

六、螺母保证载荷试验

螺母保证载荷试验工作工序卡如表 2-9 所示。

表 2–9　　螺母保证载荷试验工作工序卡

适用范围	本方法适用于螺纹规格为 M5~M39 输电线路紧固件螺母，螺母规格 M20~M100，性能等级为 4.6 级、5.6 级和 8.8 级的输电杆塔用地脚螺母，一般适用于试验室检测
检测依据标准	GB/T 228.1—2010《金属材料 拉伸试验 第 1 部分：室温试验方法》
	GB/T 3098.2—2015《紧固件机械性能 螺母》
	GB/T 16825.1—2008《静力单轴试验机的检验 第 1 部分：拉力和（或）压力试验机测力系统的检验与校准》
	DL/T 1236—2013《输电杆塔用地脚螺栓与螺母》
	DL/T 284—2012《输电线路杆塔及电力金具用热浸镀锌螺栓与螺母》
质量判定依据	螺母的质量判定依据 GB/T 3098.2—2015《紧固件机械性能 螺母》第 9.1.6 条和第 9.1.7 条规定，螺母应能承受表 4 或表 5 规定的保证载荷，而无螺纹脱扣或螺母断裂，并在结束后能用手旋出，或借助扳手松开螺母，但不得超出半扣
	地脚螺母质量判定依据 DL/T 1236—2013《输电杆塔用地脚螺栓与螺母》第 7.2.1 条规定，螺母应能承受该载荷而不得脱扣或断裂，应能用手将螺母旋出，或借助扳手松开螺母，但不得超出半扣
仪器设备	试验设备和装置包括拉力试验机、夹具、楔垫和螺纹夹具；拉力试验机应符合 GB/T 16825.1—2008《静力单轴试验机的检验 第 1 部分：拉力和（或）压力试验机测力系统的检验与校准》的规定；夹具、楔垫和螺纹夹具应符合 GB/T 3098.1—2010《紧固件机械性能 螺栓、螺钉和螺柱》的规定
工前准备	（1）被检样品应符合 DL/T 284—2012《输电线路杆塔及电力金具用热浸镀锌螺栓与螺母》中第 4.2 条和第 4.3 条的规定，并经尺寸、外观等检验合格的螺母

续表

工前准备	（2）检查拉力试验机、夹具、楔垫和螺纹夹具是否正常，夹具应符合 GB/T 3098.2—2015《紧固件机械性能 螺母》第 9.1.4 条规定，检查所有仪器设备是否均在校准有效期内
	（3）应明确被检螺母的等级，记录被检样品的编号、性能等级等
检测步骤（不同仪器设备有所不同）	（1）打开总电源，试验机开关
	（2）启动电脑，运行软件，进入联机状态，在软件窗口选择设置好的试验方案并设置好试验用户参数，将力值、位移调零。
	（3）按 GB/T 3098.2—2015《紧固件机械性能 螺母》第 9.1.4 条规定，将螺母安装在图 1 或图 2 所示的淬硬螺纹芯棒上
	（4）按 GB/T 228.1—2010《金属材料 拉伸试验 第 1 部分：室温试验方法》规定，实施轴向拉力试验或压缩试验。试验机夹头的分离速率不应超过 3mm/min
	（5）对粗牙螺母施加 GB/T 3098.2—2015《紧固件机械性能 螺母》表 4 规定的保证载荷，而对细牙螺母施加 GB/T 3098.2—2015《紧固件机械性能 螺母》表 5 规定的保证载荷，并保持 15s，然后卸载将螺母旋出
	（6）试验时，超出保证载荷值的情况，应限制在最低程度
	（7）每个螺母试验后，应检查试验芯棒的螺纹。在试验过程中，试验芯棒的螺纹如有损坏，则该次试验结果无效，并应采用符合规定的芯棒重新进行试验
	（8）试验结果根据质量判定依据进行判定
	（9）正确记录试验数据并编制试验报告，做完的试件进行封存，拉力试验机关机。清理工作台，做好防锈工作

续表

数据记录与报告出具	检测记录至少应包括以下主要内容：①记录编号；②检测标准；③检测对象；④检测设备名称、型号、编号和器材；⑤检测精度；⑥检测示意图；⑦检测原始数据；⑧检测数据的评定结果；⑨检测和记录人员；⑩检测日期。 检测报告至少要包含以下内容：①报告编号；②检测标准；③检测对象；④检测设备名称、型号和编号；⑤检测精度；⑥检测示意图；⑦检测结果和检测结论；⑧报告编写者和审核者；⑨编制日期

危险源	预防措施
操作不当引起的夹头松脱导致试件坠落或试件、设备挤压	由经过培训的专人进行操作和维护，未经同意，任何人不得擅自操作该设备
螺母断裂或脱口时射出	让操作者和旁观者与所有的仪器保持安全距离，当测试正在进行时，绝不允许操作者和旁观者触摸试样或设备
尖锐物体刺穿皮管和电缆引起漏油、漏电	保护软管和电缆使其不被尖锐或粗糙的物体损坏，不要与液压传动装置溢出的液体接触。不要在软管和电缆上行走或将重物压在上面。使软管和电缆远离那些可能会对它们造成损伤的区域

七、金具机械破坏载荷试验

金具机械破坏载荷试验工作工序卡如表 2-10 所示。

表 2-10　　金具机械破坏载荷试验工作工序卡

适用范围	本方法适用于输电线路上的金具（悬垂线夹、连接金具、耐张线夹和接续金具等），一般适用于试验室检测

续表

检测依据标准	GB/T 2314—2008《电力金具通用技术条件》
	GB/T 2315—2017《电力金具标称破坏载荷系列及连接型式尺寸》
	GB/T 2317.1—2008《电力金具试验方法 第1部分：机械试验》
	GB/T 2317.4—2008《电力金具试验方法 第4部分：验收规则》
	GB/T 16825.1—2008《静力单轴试验机的检验 第1部分：拉力和（或）压力试验机测力系统的检验与校准》
质量判定依据	连续金具的质量判定依据GB/T 2317.1—2008《电力金具试验方法 第1部分：机械试验》第5.3条规定，在达到规定的机械损伤荷载，保持60s，金具没有出现永久变形，且达到标称破坏荷载，保持60s，金具没有出现破坏，则试验通过
	悬垂线夹的质量判定依据GB/T 2317.1—2008《电力金具试验方法 第1部分：机械试验》第6.1.3条规定，在达到规定的机械损伤荷载，保持60s，线夹没有出现永久变形，且达到标称破坏荷载，保持60s，线夹没有出现破坏，则试验通过
	耐张线夹、接续金具的质量判定依据GB/T 2317.1—2008《电力金具试验方法 第1部分：机械试验》第7.3条规定，在达到规定的机械损伤荷载，线夹没有出现永久变形，且达到标称破坏荷载，金具没有出现破坏，则试验通过
仪器设备	拉力试验机、夹具等；拉力试验机应符合GB/T 16825.1—2008《静力单轴试验机的检验 第1部分：拉力和（或）压力试验机测力系统的检验与校准》的规定
工前准备	（1）检查仪器设备是否正常，是否在校准有效期内
	（2）记录被检金具的规格型号等信息，查阅相关标准对此类型金具的载荷要求

续表

检测步骤（不同仪器设备有所不同）	（1）被测金具应以接近于运行受力状态进行试验，若被测金具无法按实际受力状态进行试验，则可将作用在金具上的总荷载分解成若干分荷载，这些分荷载相继作用在同一金具上，或作用在同一批样品的其他金具上，并保证这些荷载分解能符合金具的实际受力状态。连接金具机械破坏荷载试验典型布置、悬垂线夹机械破坏荷载典型布置和耐张线夹及接续金具机械破坏荷载试验典型布置分别如 GB/T 2317.1—2008《电力金具试验方法 第 1 部分：机械试验》中图 1、图 3 和图 7 所示
	（2）将被测金具夹固定在试验装置上，以平稳的速度施加荷载到规定的机械损伤荷载
	（3）将荷载保持 60s，然后卸载，测量线夹的永久变形
	（4）再次加荷载到标称破坏荷载，保持 60s，然后加荷载直到发生破坏，如果荷载达到标称破坏荷载的 1.2 倍，线夹还没有发生破坏，此时可以停止试验，除非供需双方另有约定
数据记录与报告出具	检测记录至少应包括以下主要内容：①记录编号；②检测标准；③检测对象；④检测设备名称、型号、编号和器材；⑤检测精度；⑥检测示意图；⑦检测原始数据；⑧检测数据的评定结果；⑨检测和记录人员；⑩检测日期。 检测报告至少要包含以下内容：①报告编号；②检测标准；③检测对象；④检测设备名称、型号和编号；⑤检测精度；⑥检测示意图；⑦检测结果和检测结论；⑧报告编写者和审核者；⑨编制日期

危险源	预防措施
操作不当引起的夹头松脱导致试件坠落或试件、设备挤压	由经过培训的专人进行操作和维护，未经同意，任何人不得擅自操作该设备
金具破坏断裂时射出	让操作者和旁观者与所有的仪器保持安全距离，当测试正在进行时，绝不允许操作者和旁观者触摸试样或设备

续表

尖锐物体刺穿皮管和电缆引起漏油、漏电	保护软管和电缆使其不被尖锐或粗糙的物体损坏，不要与液压传动装置溢出的液体接触。不要在软管和电缆上行走或将重物压在上面。使软管和电缆远离那些可能会对它们造成损伤的区域

八、金具握力试验

金具握力试验工作工序卡如表 2-11 所示。

表 2-11　　金具握力试验工作工序卡

适用范围	本方法适用于输电线路上的金具（悬垂线夹、接续金具、耐张线夹和保护金具等），一般适用于试验室检测
检测依据标准	GB/T 2314—2008《电力金具通用技术条件》
	GB/T 2315—2017《电力金具标称破坏载荷系列及连接型式尺寸》
	GB/T 2317.1—2008《电力金具试验方法 第 1 部分：机械试验》
	GB/T 2317.4—2008《电力金具试验方法 第 4 部分：验收规则》
	GB/T 16825.1—2008《静力单轴试验机的检验 第 1 部分：拉力和（或）压力试验机测力系统的检验与校准》
质量判定依据	悬垂线夹的质量判定依据 GB/T 2317.1—2008《电力金具试验方法 第 1 部分：机械试验》第 6.2.2 条规定，对仅有最小握力值的悬垂线夹，如果在达到规定的最小握力时，没有出现滑移现象，则试验通过。对还具有最大握力值的悬垂线夹，则导线出现滑移的荷载还应不大于规定的最大握力值。若导线的一股或者几股发生断裂，但距离悬垂线夹两端超过 25mm 时，则试验应重做

续表

质量判定依据	接续金具、耐张线夹的质量判定依据 GB/T 2317.1—2008《电力金具试验方法 第 1 部分：机械试验》第 7.1.3 条规定，在试验中导线相对金具没有出现滑移现象，并且导线没有出现断股或者破坏，则试验通过
	保护金具的质量判定依据 GB/T 2317.1—2008《电力金具试验方法 第 1 部分：机械试验》第 9.2.2 条规定，如果在试验后金具没有损坏，并且导线或地线没有断股或破坏，则认为试验通过
仪器设备	拉力试验机、夹具等；拉力试验机应符合 GB/T 16825.1—2008《静力单轴试验机的检验 第 1 部分：拉力和（或）压力试验机测力系统的检验与校准》的规定
工前准备	（1）检查仪器设备是否正常，是否在校准有效期内
	（2）记录被检金具的规格型号等信息，查阅相关标准对此类型金具的握力要求
检测步骤（不同仪器设备有所不同）	（1）悬垂线夹握力试验。试验应选用与该线夹相匹配的导线，若在运行状态下使用护线条，则试验时也应该在导线上包缠护线条。被测线夹与拉力试验机夹具之间的距离不小于导线外径的 100 倍，并不得使导线“起灯笼”（指导线股束松散）。每次握力实验都要使用新的悬垂线夹样品及新的护线条。握力实验的布置可采用以下两种中任一种进行。 1）按 GB/T 2317.1—2008《电力金具试验方法 第 1 部分：机械试验》中图 4（a）进行试验布置。将导线安装在试验机上，并对其施加导线计算拉断力 20% 的张力，然后将悬垂线夹固定在导线上，并按固定的紧固力矩拧紧螺栓。随后将导线张力降为零，将线夹悬挂点与拉力试验机相连，向整个试件施加规定握力 20% 的力，并在线夹出口处的导线上做一个参考标记，以便测量线夹的滑移量，逐步增加荷载达到规定的握力值，保持 60s，然后测量滑移量。

续表

检测步骤（不同仪器设备有所不同）	2）按GB/T 2317.1—2008《电力金具试验方法 第1部分：机械试验》中图4（b）进行试验布置。将导线安装在试验机上，并对其施加导线计算拉断力20%的张力，然后将悬垂线夹固定在导线上，并按固定的紧固力矩拧紧螺栓。随后将线夹悬挂点连接在一拉力装置上，要求施载方向与导线同轴，并在线夹出口处的导线上做一个参考标记，以便测量线夹的滑移量，逐步增加荷载达到规定的握力值，保持60s，然后测量滑移量
	（2）耐张线夹与接续金具握力试验。 1）试验应选用与该线夹相匹配的导线，被测金具与导线连接时不得使导线“起灯笼”。试件中金具与金具之间或者夹具与夹具之间的导线长度应不小于导线外径的100倍，且不小于2.5mm。耐张线夹及接续金具握力试验典型布置如GB/T 2317.1—2008《电力金具试验方法 第1部分：机械试验》中图5所示。 2）将被测金具安装在拉力试验机上，施加荷载达到导线计算拉断力的20%，在金具出口端的导线上做一个参考标记，以测量导线相对于金具的滑移量。 3）在不小于30s时间内，将张力逐步增加到导线计算拉断力的50%，保持120s。 4）在不小于30s的时间内，将张力逐步增加到规定的握力值，保持60s
	（3）保护金具握力试验。 1）选用与保护金具相匹配的导线，并在导线最外层中相邻的若干线股切断，断口的位置应分散布置在大约3倍导线直径的一段导线长度内。然后按照厂家要求的方法安装上保护金具。随后在导线的端部安装夹具附件，注意不要使导线“起灯笼”，保护金具两侧与夹具之间的长度应不小于导线外径的100倍。试验布置可参照GB/T 2317.1—2008《电力金具试验方法 第1部分：机械试验》中图5。

续表

检测步骤（不同仪器设备有所不同）	2）将试件安装在拉力试验机上进行试验。 3）在不小于 30s 时间内，将荷载逐步增加到导线计算拉断力的 50%，保持 120s。 4）继续逐步增加荷载至导线计算拉断力的 95%，保持 60s
数据记录与报告出具	检测记录至少应包括以下主要内容：①记录编号；②检测标准；③检测对象；④检测设备名称、型号、编号和器材；⑤检测精度；⑥检测示意图；⑦检测原始数据；⑧检测数据的评定结果；⑨检测和记录人员；⑩检测日期。 检测报告至少要包含以下内容：①报告编号；②检测标准；③检测对象；④检测设备名称、型号和编号；⑤检测精度；⑥检测示意图；⑦检测结果和检测结论；⑧报告编写者和审核者；⑨编制日期

危险源	预防措施
操作不当引起的夹头松脱导致试件坠落或试件、设备挤压	由经过培训的专人进行操作和维护，未经同意，任何人不得擅自操作该设备
金具破坏断裂时射出	让操作者和旁观者与所有的仪器保持安全距离，当测试正在进行时，绝不允许操作者和旁观者触摸试样或设备
尖锐物体刺穿皮管和电缆引起漏油、漏电	保护软管和电缆使其不被尖锐或粗糙的物体损坏，不要与液压传动装置溢出的液体接触。不要在软管和电缆上行走或将重物压在上面。使软管和电缆远离那些可能会对它们造成损伤的区域

第四节　金相检测

金相检测工作工序卡如表 2-12 所示。

表 2-12　　金相检测工作工序卡

适用范围	本方法适用于钢铁材料金相分析，铜、铝等材料金相分析可结合相应标准参照执行
检测依据标准	GB/T 6394—2017《金属平均晶粒度测定方法》
	GB/T 10561—2005《钢中非金属夹杂物含量的测定 标准评级图显微检验法》
	GB/T 13298—2015《金属显微组织检验方法》
	GB/T 13299—1991《钢的显微组织评定方法》
	《电力建设金相检验导则》(电基火字〔1984〕146 号)
质量判定依据	非金属夹杂物质量判定依据 GB/T 10561—2005《钢中非金属夹杂物含量的测定 标准评级图显微检验法》规定
	显微组织晶粒度质量判定依据 GB/T 6394—2017《金属平均晶粒度测定方法》规定
	带状组织、魏氏组织及游离渗碳体等质量判定依据 GB/T 13299—1991《钢的显微组织评定方法》规定
仪器设备	切割机、砂轮机、锉刀、砂纸、镶嵌机、抛光机、光学显微镜等
工前准备	(1) 检验人员必须掌握金相检验的基本技术，具有足够现场和实验室工作经验，并取得相应检验资格的资格证书，视力正常，并承担相应的技术责任
工前准备	(2) 检测人员应熟悉被检材料的钢号、热处理状态、焊接工艺和服役条件 (包括压力、温度及应力状态等，需要焊后热处理的需先热处理完成)，明确检验目的

续表

检测步骤（不同仪器设备有所不同）	（1）宏观检验。 1）试样截取：根据检验目的，确定试样截取的部位、检查面及数量，焊接接头要包括焊缝、熔合线、热影响区和母材。无论用什么方法截取试样，都应避免切割不当而引起微观组织变化以及可能产生的晶粒变形。 2）试样检查面处理：试样检查面的光洁度要根据检验目的和要求选择相应的机械加工方式，必要时采用不同粒度的砂纸逐级进行磨制。一般磨到 500 号水砂纸或 01 号金相砂纸，必要时进行机械或化学抛光，使光洁度满足要求。 3）酸浸：酸浸前试样表面不能有油污存在。酸浸具体方法见《电力建设金相检验导则》中的要求。浸蚀液的选择视检验目的见《电力建设金相检验导则》附录二中的要求。 4）观察：在酸浸后采用肉眼或利用 5 ~ 10 倍放大镜对试样进行观察
	（2）微观检验。 1）试样截取（见宏观检验试样截取方法）。 2）试样镶嵌：当试样尺寸过小或要求检查试样边缘的情况时，应采用镶嵌试样的方法。 3）试样磨制：试样的磨制分手工研磨和机械研磨，具体方法可参照《电力建设金相检验导则》中的要求。 4）试样抛光：试样经研磨后可进行抛光。抛光方法分机械抛光、电解抛光和化学抛光三种，三种方法可单独使用，也可综合使用。具体方法可参照《电力建设金相检验导则》中的要求。 5）试样浸蚀。 6）使用金相显微镜进行观察

续表

检测步骤（不同仪器设备有所不同）	（3）复型金相法。复型金相法常用于现场非破坏检验，制取的复型能长期保存且能在实验室用显微镜进行观察和拍照。 1）按《电力建设金相检验导则》第 5.4.1 条 ~ 第 5.5.7 条有关内容进行试样制备。 2）用 1~2mm 厚的有机玻璃或者醋酸纤维、AC 纸制备复型材料；有机溶剂采用用氯仿、丙酮和醋酸乙酯等。首先将复型材料截成约 10mm × 10mm 小块，在试样表面和复型材料上滴上适量的有机溶剂，待溶剂在复型材料的表面均匀分布、浸透后，覆盖在试样表面，用手指由轻至重压紧，使两者之间的气泡逸出，待其充分干燥后取下复型，妥善保管，然后进行观察、拍照。 3）为增加组织衬度，被检表面可略浸蚀深一些，或在有机溶剂中加入适量着色剂；为增加复型衬度，可对复型面进行喷镀，然后再进行观察、拍照
	（4）金相摄影。 1）宏观摄影：指拍摄被检部件的形貌或局部宏观细节。 2）微观摄影：指拍摄被检部件的显微组织和缺陷的特征。具体方法可参照《电力建设金相检验导则》中的要求
数据记录与报告出具	检测记录至少应包括以下主要内容：①记录试件编号、材质、规格；②仪器型号、编号；③抛光方式、侵蚀剂种类、覆膜形式、试验工况和热处理方式等。 检测报告至少要包含以下内容：①记录显微放大倍数；②通过金相照片分析金属材料的各种显微组织形态、晶粒大小和碳化物的大小、形态、分布方式来判断和确定金属材料的组织状态；③根据相关标准评定给出检验意见

续表

危险源	预防措施
打磨时金属渣飞溅	佩戴护目镜
利器割伤	佩戴防护手套
打磨时噪声危害	佩戴隔音耳塞
侵蚀剂沾染皮肤，口鼻吸入挥发的侵蚀剂	使用侵蚀剂时，穿长袖、长裤，佩戴口罩、乳胶手套

第五节　SEM 检测与 EDS 检测

SEM 检测与 EDS 检测工作工序卡如表 2-13 所示。

表 2–13　　SEM 检测与 EDS 检测工作工序卡

适用范围	本方法适用于金属与非金属材料的微观形貌观察与成分分析，一般用于实验室检测
检测依据标准	GB/T 15074—2008《电子探针定量分析方法通则》
	GB/T 15616—2008《金属及合金的电子探针定量分析方法》
	GB/T 16594—2008《微米级长度的扫描电镜测量方法通则》
	GB/T 17359—2012《微束分析 能谱法定量分析》
	GB/T 17365—1998《金属与合金电子探针定量分析样品的制备方法》

续表

检测依据标准	GB/T 20726—2015《微束分析 电子探针显微分析 X 射线能谱仪主要性能参数及核查方法》
	GB/T 25189—2010《微束分析 扫描电镜能谱仪定量分析参数的测定方法》
质量判定依据	钢材牌号及化学成分依据 GB/T 700—2006《碳素结构钢》、GB/T 1220—2007《不锈钢棒》、GB/T 1591—2018《低合金高强度结构钢》、GB/T 20878—2007《不锈钢和耐热钢牌号及化学成分》等标准规定
	铝材牌号及化学成分依据 GB/T 3190—2008《变形铝及铝合金化学成分》等标准规定
	铜材牌号及化学成分依据 GB/T 5231—2012《加工铜及铜合金牌号和化学成分》等标准规定
仪器设备	扫描电子显微镜、能谱仪、喷金 / 碳仪、超声清洗机
工前准备	（1）记录待检样品的编号、材质等信息
	（2）试样制备。在不影响试样的情况下，清洗试样表面的污物。如含有水分，需干燥处理。对于块体试样，直接加工成一定的尺寸，若导电，则可直接在试样与样品台之间贴有导电胶；若是非导电试样，则还需对试样喷一层约 10nm 厚的金、铜、铝或碳膜导电层。对于粉末试样，需先制备粉末并收集，再通过适当方式固定在样品台上，不导电的粉体仍需喷涂导电膜
检测步骤（不同仪器设备有所不同）	（1）扫描电镜开机，将待测样品粘连在样品台后放入电镜样品室，抽至仪器要求的真空度
	（2）扫描电镜加载电压和电流
	（3）电子束合轴
	（4）合理设置高压值、聚光镜电压、聚光镜电流、工作距离和试样倾角，聚焦与像散校正，调整放大倍数、亮度与对比度，进行二次电子图像的观察与分析

续表

检测步骤（不同仪器设备有所不同）	（5）不断调节聚焦、亮度和对比度等参数，获得满意的图像后即可进行照相记录
	（6）能谱仪开机，操作能谱仪电脑软件，同步获得扫描电镜中清晰的图像，对感兴趣的区域进行成分检测（区域扫描、线扫描和面扫描）
	（7）保存并记录相关检测数据
	（8）退出软件，关闭电脑，关闭能谱仪和扫描电镜，检测结束
数据记录与报告出具	检测记录至少应包括以下主要内容：①试样编号；②试样材质；③检测设备名称、型号和编号；④执行标准；⑤检测原始数据；⑥检测数据的评定结果；⑦检测和记录人员；⑧检测日期。 检测报告至少要包含以下内容：①委托单位；②仪器型号；③试样编号；④试样材质；⑤检测设备名称、型号和编号；⑥执行标准；⑦检测结果与检测结论；⑧检测和审核人员；⑨编制日期

危险源	预防措施
打磨时金属渣飞溅	戴护目镜
利器割伤	戴防护手套
打磨时噪声危害	佩戴隔声耳塞

第三章　无损检测

第一节　超声波检测

一、钢管焊缝 A 型脉冲超声波检测

钢管焊缝 A 型脉冲超声波检测工作工序卡如表 3-1 所示。

表 3–1　　钢管焊缝 A 型脉冲超声波检测工作工序卡

适用范围	本方法适用于输变电钢管 8 ～ 100mm 铁素体全熔透焊缝质量检测，可用于工程现场检测
检测依据标准	GB/T 2694—2018《输电线路铁塔制造技术条件》
	GB/T 11344—2008《无损检测 接触式超声脉冲回波法测厚方法》
	GB/T 11345—2013《焊缝无损检测 超声检测 技术、检测等级和评定》
	GB/T 19418—2003《钢的焊弧接头缺陷质量分级指南》
	GB/T 29711　2013《焊缝无损检测 超声检测 焊缝中的显示特征》
	DL/T 1424—2015《电网金属技术监督规程》
	DL/T 646—2012《输变电钢管结构制造技术条件》

续表

检测依据标准	DL/T 1611—2016《输电线路铁塔钢管对接焊缝超声波检测与质量评定》
	NB/T 47013.3—2015《承压设备无损检测 第3部分：超声检测》
质量判定依据	输变电钢管8~100mm铁素体全熔透焊缝质量判定依据GB/T 29712—2013《焊缝无损检测 超声检测 验收等级》规定进行判定
仪器设备	超声波探伤仪、探头及探头线、试块等
工前准备	（1）检查超声波探伤仪、探头、试块、耦合剂、尺子等是否完好、齐全，所选的超声波探伤仪、探头及试块应具有相应质量合格证明并在校准（核查）有效期内
	（2）记录好待检测试件的编号、材质、规格，确认被检工件的基准位置
	（3）执行标准GB/T 11344—2008《无损检测 接触式超声脉冲回波法测厚方法》中超声波测厚相关要求对工件进行外观检查，焊缝两侧母材厚度每隔大约90° 进行测量，根据母材厚度选择合适的探头
检测步骤（不同仪器设备有所不同）	（1）仪器参数设置。 1）基本参数：声速（3240m/s或默认），零位偏移（根据探头和仪器参数与声速一同调出），范围（250mm）。 2）脉冲发生器：能量设置（推荐200V），阻尼（推荐200Ω）。 3）接收器：增益（初始可设置为48dB），接收器带宽（设置为探头标称频率），数字滤波器（带宽应将探头标称频率包含其中，如探头标称频率为5MHz，则数字滤波器可设置为1.5 ~ 8.5MHz）。

续表

检测步骤（不同仪器设备有所不同）	4）闸门：调节闸门起点、闸门宽度和闸门高度，使闸门位于显示屏中的适当位置。 5）测量显示设置：选择 5 个测量显示位置中需要显示的探头测量参数（手动或自动选择）
	（2）探头入射点测量： 1）将探头前沿对准 CSK-Ⅰ A 试块上的 *R*100、*R*50 阶梯圆弧，探头靠近 *R*50 阶梯圆弧侧且探头侧边与试块边缘保持平行； 2）在试块长度方向上前后移动探头，同时调节仪器显示范围和增益，使 *R*50、*R*100 阶梯圆弧反射回波分别位于水平显示的 1/3 和 2/3 处，且回波高度随探头位置变化时均不超屏显示，以便观察回波变化轨迹； 3）移动探头直至找到 *R*50、*R*100 阶梯圆弧最高回波（两者回波高度应该随探头移动同升同降），测量此时探头前沿距 *R*50 或 *R*100 阶梯圆弧边的水平距离 *L*，则 50–*L* 或 100–*L* 即为探头入射点距探头前沿的距离； 4）测量 3 次取平均值，保留小数点后 1 位
	（3）探头零偏和声速校准： 1）探头入射点测量完毕后，保持探头在原有位置，同时进入自动校准模式； 2）调节闸门位置和宽度，使其刚好框住 *R*100 阶梯圆弧最高回波； 3）选择校准声速，并将显示值调整为 100mm，调整完毕后选择继续校准，以保存相应数据； 4）继续调节闸门位置和宽度，使其刚好框住 *R*50 阶梯圆弧最高回波； 5）选择校准零位，并将显示值调整为 50mm，调整完毕后选择完成，至此探头零偏和声速校准完毕

续表

检测步骤（不同仪器设备有所不同）	（4）探头 K 值测量： 1）将探头前沿对准 RB-I 试块上的深度为 15mm 的直径为 ϕ1.5 横通孔； 2）前后移动探头直至找到最高回波，调节增益使最高回波为满屏高度的 80%； 3）调整折射角（K 值）参数，直至深度测量值（15±0.05）mm； 4）测量 3 次取平均值，作为实测 K 值，保留小数点后 2 位
	（5）DAC 曲线绘制：在 RB-Ⅰ 试块上进行 DAC 曲线制作。具体操作以某厂家仪器测量厚度为 9mm 的钢管为例： 1）将探头前沿对准 RB-Ⅰ 试块上深度为 5mm 的 ϕ3 横通孔； 2）移动探头直至找到最高回波，调节增益使其为满屏高度的 80%~90%； 3）进入 DAC 曲线绘制模式，设定曲线条数为 2 条，增益分别为 -4dB 和 -14dB； 4）调节闸门位置和宽度，使其刚好框住最高回波； 5）确定 DAC 曲线第 1 个点； 6）将探头前沿对准 RB-Ⅰ 试块上深度为 10mm 的 ϕ3 横通孔； 7）移动探头直至找到最高回波； 8）调节闸门位置和宽度，使其刚好框住最高回波； 9）确定 DAC 曲线第 2 个点； 10）后续 DAC 曲线绘制点确定以此类推； 11）曲线制作不少于 3 点，最大深度应不小于 2 倍公称壁厚，DAC 曲线应圆滑
	（6）增加耦合补偿。执行标准 NB/T 47013.3—2015《承压设备无损检测 第 3 部分：超声检测》第 4.5.5 条规定，在检测和缺陷定量时，应对由对比试块与被检工件表面粗糙度不同引起的耦合损失进行补偿；当检测面是曲面时，应对由工件和对比试块曲率半径不同引起的耦合损失进行补偿

续表

<table>
<tr>
<td>检测步骤
（不同仪器设备有所不同）</td>
<td>（7）锯齿形扫查：
1）执行标准 NB/T 47013.3—2015《承压设备无损检测 第 3 部分：超声检测》第 6.3.8.4.5 条规定，扫查灵敏度不低于评定线灵敏度，此时在检测范围内最大声程处的评定线高度不应低于荧光屏满刻度的 20%。
2）使用单个探头（如 5P9 × 9K2.5）在试件外表面焊缝两侧直射波、一次反射波进行检测，采用锯齿形方式扫查，探头移动速度不超过 150mm/s，每次扫查覆盖应大于探头宽度的 10%，探头前后移动的范围不小于 1.25P（P=2Kt），锯齿形扫查示意图如图 3-1 所示。
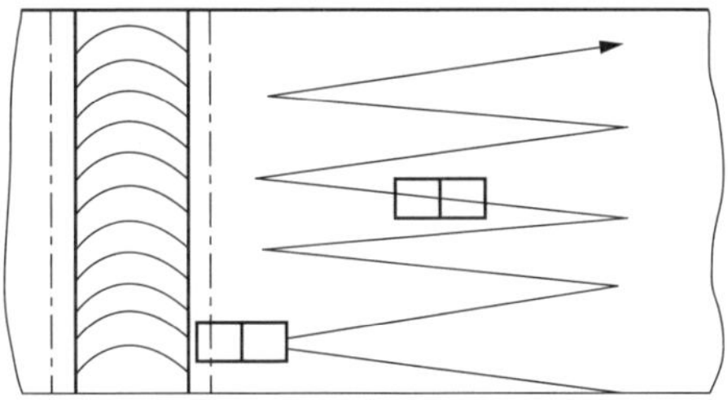
图 3-1　锯齿形扫查示意图
3）发现缺陷后，应在焊缝两侧采用前后、左右、转角、环绕等四种探头扫查方式对缺陷部位进行扫查（见图 3-2），找到缺陷最大回波，对幅值超过评定等级的缺陷应进行记录。
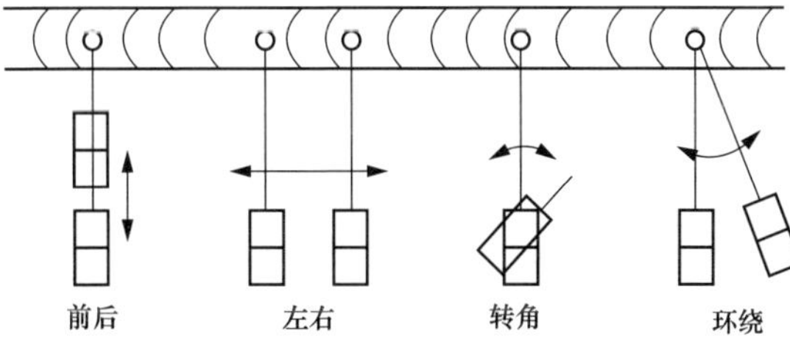

图 3-2　四种基本扫查方法示意图</td>
</tr>
</table>

续表

检测步骤（不同仪器设备有所不同）	4）记录缺陷最大回波处的位置、缺陷到检测面的垂直距离（即深度）、缺陷距离焊缝中心线的距离；利用绝对灵敏度测长法测定缺陷指示长度，并记录缺陷起止位置
	（8）缺陷测长：根据测定缺陷长度时的灵敏度基准不同将测长法分为相对灵敏度测长法、绝对灵敏度测长法和端点峰值法。 1）相对灵敏度测长法。相对灵敏度测长法是以缺陷最高回波为相对基准、沿缺陷的长度方向移动探头，降低一定的 dB 值来测定缺陷的长度。常用的是 6dB 法和端点 6dB 法：① 6dB 法（半波高度法）。当缺陷反射波只有一个高点时，用 6dB 法测量缺陷的指示长度，移动探头找到缺陷最大波高，然后沿缺陷方向左右移动探头，当缺陷波高降低一半时，探头中心线之间的距离就是缺陷的指示长度。②端点 6dB 法（端点半波高度法）。当缺陷反射波有多个高点时，用端点 6dB 法测量缺陷的指示长度，发现缺陷后，沿缺陷方向左右移动探头，找到缺陷两端的最大波高，分别以这两个端点最大波高为基准，继续向左右移动探头，当端点最大波高降低一半时，探头中心线之间的距离为缺陷的指示长度。 2）绝对灵敏度测长法。在仪器灵敏度一定的条件下，探头沿缺陷长度方向平行移动，当缺陷波高降到规定位置时，探头移动的距离，即为缺陷的指示长度。 3）端点峰值法。探头在测长扫查过程中，如发现缺陷发射波峰值起伏变化，有多个高点时，则以缺陷两端最大反射波之间的探头移动距离来确定为缺陷指示长度
	（9）斜平行扫查：采用斜平行扫查的方式进行横向缺陷的检测，应执行标准 NB/T 47013.3—2015《承压设备无损检测 第 3 部分：超声检测》6.3.8.4.6 条规定，检测和评定横向缺陷时，应将各线灵敏度均提高 6dB；执行标准 NB/T 47013.3—2015《承压设备无损检测 第 3 部分：超声检测》

续表

	6.3.9.1.2 条，检测焊接接头横向缺陷时，可在焊接接头两侧边缘使斜探头与焊接接头中心线成不大于 10° 作两个方向斜平行扫查；执行标准 GB/T 11345—2013《焊缝无损检测 超声检测 技术、检测等级和评定》附录 A 中的图 A.1 和表 A.1 的相应扫查方式要求
检测步骤（不同仪器设备有所不同）	（10）缺陷判定：根据缺陷波幅的大小及缺陷指示长度对每个缺陷进行评定，单个缺陷评定结果和部件的检测结果均为可验收和不可验收两类。 1）单个缺陷最高波幅高于验收等级时，该缺陷评定结果为不可验收；验收等级规定具体参考 GB/T 29712—2013《焊缝无损检测 超声检测 验收等级》及 GB/T 11345—2013《焊缝无损检测 超声检测 技术、检测等级和评定》的相关要求。以灵敏度设定选择技术 1（横孔技术：基于直径为 3mm 的横孔）、板厚为 8~15mm，焊缝质量等级为 B 级（参照 GB/T 19418—2003《钢的焊弧接头 缺陷质量分级指南》）、检测技术和等级为至少 B 级（参照 GB/T 11345—2013《焊缝无损检测 超声检测 技术、检测等级和评定》）、验收等级为 2 时（参照 GB/T 29712—2013《焊缝无损检测 超声检测 验收等级》）为例，显示长度大于板厚时，其记录等级为 3(–14dB)，验收等级为 3(–10dB)，如图 3–3 所示。 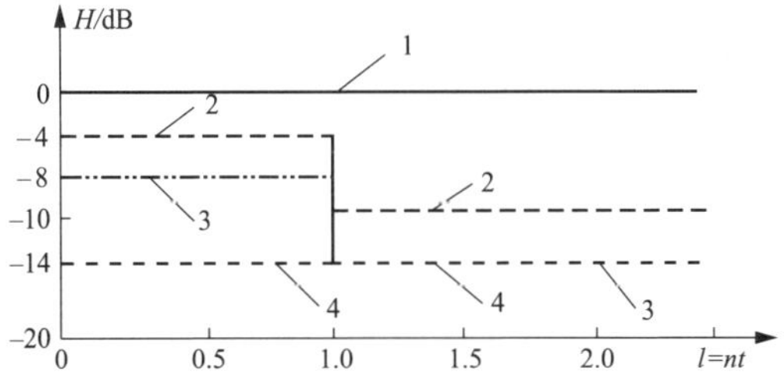 **图 3–3 适用于板厚 8~15 mm 的横孔技术 (技术 1) 和矩形槽技术 (技术 3) 的等级 (验收等级 2 级)** 1—参考等级；2—验收等级；3—记录等级；4—评定等级；*H*—回波幅度；*l*—显示长度；*n*—板厚的倍数；*t*—板厚

续表

检测步骤（不同仪器设备有所不同）	2）任何显示的回波幅度虽低于验收等级，但长度（高于评定等级）超过以下指标：①板厚 t，8mm ≤ t ≤ 15mm 时；② t/2 或 15mm（取两者较大值，板厚 t > 15mm）时，该缺陷评定结果为不可验收。 3）缺陷最高波幅超过记录等级的两相邻可验收缺陷，若①在焊缝长度方向上的间距小于其中指示长度较长缺陷的 2 倍长度数值；②在焊缝宽度方向上的间距小于板厚的一半且不超过 10mm；③在焊缝深度方向上的间距小于板厚的一半且不超过 10mm，则这两个缺陷可合并为一个缺陷作为群显示（每个群中的指示长度均不应再用于其他群中）。合并后新缺陷的最高波幅为两个合并缺陷最高波幅的较大值，指示长度为两个合并缺陷指示长度及两者在焊缝水平方向间距三者之和。对合并后新缺陷的评定参考本条第 2 点。 4）若部件测定缺陷中出现一个不可验收缺陷，则该部件的检测结果为不可验收。 5）若部件测定缺陷的评定结果均为可验收，在给定的焊缝长度范围内，超过记录等级的所有单独的可验收缺陷（含单个缺陷和合并缺陷）在一条直线的长度总和，作为该段焊缝范围内可验收显示的累计长度；对于任意的焊缝长度 L（当板厚 t < 15mm 时，L=6t；当板厚 t ≥ 15mm 时，L=100mm），对于验收等级 2 级，其最大累计显示长度不应大于该段焊缝长度 L 的 20%，否则该部件检测结果为不可验收
	（11）DAC 复核校验：对 DAC 曲线进行复核校验，至少复核 1 点，GB/T 11345—2013《焊缝无损检测 超声检测 技术、检测等级和评定》第 10.1 条规定，对检测的时基线和灵敏度进行校验。 1）每次检测前应设定时基线和灵敏度，时基线和灵敏度设定时的温度与焊缝检测时的温度之差不应超过 15℃；

续表

<table>
<tr><td rowspan="9">检测步骤（不同仪器设备有所不同）</td><td colspan="3">2）检测过程中至少每 4h 或检测结束时，应对时基线和灵敏度设定进行校验。当系统参数发生变化或等同设定变化受到质疑时，也应该重新校验；
3）如果在检测过程中发现偏离，应按下列要求进行修正</td></tr>
<tr><td colspan="3">灵敏度修正</td></tr>
<tr><td>1</td><td>偏离值 ≤ 4dB</td><td>继续检测前，应修正设定</td></tr>
<tr><td>2</td><td>灵敏度降低值＞ 4dB</td><td>应修正设定，同时该设备前次校验后检查的全部焊缝应重新检测</td></tr>
<tr><td>3</td><td>灵敏度增加值＞ 4dB</td><td>应修正设定，同时该设备前次校验后检查的全部已记录的显示应重新检测</td></tr>
<tr><td colspan="3">时基线修正</td></tr>
<tr><td>1</td><td>时基线偏差值≤ 2%</td><td>继续检测前，应修正设定</td></tr>
<tr><td>2</td><td>时基线偏差值＞ 2%</td><td>应修正设定，同时该设备前次校验后检查的全部焊缝应重新检测</td></tr>
<tr><td colspan="3">（12）清理现场：检测结束后，整理标准试块、试件，擦除耦合剂</td></tr>
<tr><td>数据记录与报告出具</td><td colspan="3">检测记录至少应包括以下主要内容：①记录编号；②检测标准；③检测对象；④检测设备名称、型号、编号和器材；⑤检测精度；⑥检测示意图；⑦检测原始数据；⑧检测数据的评定结果；⑨检测和记录人员；⑩检测日期。
检测报告至少要包含以下内容：①报告编号；②检测标准；③检测对象；④检测设备名称、型号和编号；⑤检测精度；⑥检测示意图；⑦检测结果和检测结论；⑧报告编写者和审核者；⑨编制日期</td></tr>
</table>

续表

危险源	预防措施
现场工作时，高空坠物	在现场必须确保正确佩戴安全帽
现场工作时，地面的沟、孔、洞	在现场行走时仔细观察地面的沟、孔、洞，注意安全
现场工作时，残留在试样上的耦合剂	检测结束后，残留在试样上的耦合剂应擦净

二、铝制 GIS 壳体焊缝 A 型脉冲超声波检测

铝制 GIS 壳体焊缝 A 型脉冲超声波检测工作工序卡如表 3-2 所示。

表 3–2　铝制 GIS 壳体焊缝 A 型脉冲超声波检测工作工序卡

适用范围	本方法适用于电网设备铝制 GIS 壳体焊缝质量检测，可用于工程现场检测
检测依据标准	GB/T 11344—2008《无损检测 接触式超声脉冲回波法测厚方法》
	DL/T 1424—2015《电网金属技术监督规程》
	JB/T 4734—2002《铝制焊接容器》
	NB/T 47013.3—2015《承压设备无损检测 第 3 部分：超声检测》
质量判定依据	铝制 GIS 壳体焊缝质量判定依据 JB/T 4734—2002《铝制焊接容器》第 10.6.4.2 条规定，不低于Ⅱ级合格
	铝和铝合金制及钛制承压设备对接接头超声检测质量分级依据 NB/T 47013.3—2015《承压设备无损检测 第 3 部分：超声检测》中表 H.3 规定进行分级

续表

仪器设备	超声波探伤仪、探头及探头线、试块等
工前准备	（1）检查超声波探伤仪、探头、试块、耦合剂、尺子等是否完好、齐全，所选的超声波探伤仪、探头及试块应具有相应质量合格证明并在校准（核查）有效期内
	（2）记录好待检测试件的编号、材质、规格，确认被检工件的基准位置
	（3）执行标准 GB/T 11344—2008《无损检测 接触式超声脉冲回波法测厚方法》中超声波测厚相关要求对工件进行外观检查，焊缝两侧母材厚度每隔大约 90° 进行测量，根据母材厚度选择合适的探头
检测步骤（不同仪器设备有所不同）	（1）仪器参数设置。以某厂家仪器参数设置过程为例，主要有以下几个部分。 1）基本参数：声速（3080m/s 或默认），零位偏移（根据探头和仪器参数与声速一同调出），范围（250mm）。 2）脉冲发生器：能量设置（推荐 200V），阻尼（推荐 200Ω）。 3）接收器：增益（初始可设置为 48dB），接收器带宽（设置为探头标称频率），数字滤波器（带宽应将探头标称频率包含其中，如探头标称频率为 5MHz，则数字滤波器可设置为 1.5~8.5MHz）。 4）闸门：调节闸门起点、闸门宽度和闸门高度，使闸门位于显示屏中的适当位置。 5）测量显示设置：选择 5 个测量显示位置中需要显示的探头测量参数（手动或自动选择）
	（2）探头入射点测量： 1）将探头前沿对准 CSK-IA 试块上的 *R*100、*R*50 阶梯圆弧，探头靠近 *R*50 阶梯圆弧侧且探头侧边与试块边缘保持平行； 2）在试块长度方向上前后移动探头，同时调节仪器显示范围和增益，使 *R*50、*R*100 阶梯圆弧反射回波分别位于水平显示的 1/3 和 2/3 处，且回波高度随探头位置变化时均不超屏显示，以便观察回波变化轨迹；

续表

检测步骤（不同仪器设备有所不同）	3）移动探头直至找到 *R*50、*R*100 阶梯圆弧最高回波（两者回波高度应该随探头移动同升同降），测量此时探头前沿距 *R*50 或 *R*100 阶梯圆弧边的水平距离 *L*，则 50–*L* 或 100–*L* 即为探头入射点距探头前沿的距离； 4）测量 3 次取平均值，保留小数点后 1 位
	（3）探头零偏和声速校准： 1）探头入射点测量完毕后，保持探头在原有位置，同时进入自动校准模式； 2）调节闸门位置和宽度，使其刚好框住 *R*100 阶梯圆弧最高回波； 3）选择校准声速，并将显示值调整为 100mm，调整完毕后选择继续校准，以保存相应数据； 4）继续调节闸门位置和宽度，使其刚好框住 *R*50 阶梯圆弧最高回波； 5）选择校准零位，并将显示值调整为 50mm，调整完毕后选择完成，至此探头零偏和声速校准完毕
	（4）探头 *K* 值测量（具体操作以某厂家仪器测量厚度为 9mm 的 GIS 壳体焊缝为例）： 1）将探头前沿对准 1 号铝试块上的深度为 15mm、直径为 ϕ2.0 横通孔； 2）前后移动探头直至找到最高回波，调节增益使最高回波为满屏高度的 80%； 3）调整折射角（*K* 值）参数，直至深度测量值（15 ± 0.05）mm； 4）测量 3 次取平均值，作为实测 *K* 值，保留小数点后 2 位
	（5）DAC 曲线绘制（具体操作以某厂家仪器测量厚度为 9mm 的 GIS 壳体为例）： 1）将探头前沿对准 1 号铝试块上深度为 5mm 的 ϕ2 横通孔； 2）移动探头直至找到最高回波，调节显示范围使其位于水平显示的 10% 处，调节增益使其为满屏高度的 80% ~ 90%；

续表

检测步骤（不同仪器设备有所不同）	3）进入 DAC 曲线绘制模式，设定曲线条数为 3 条（即评定线、定量线和判废线），增益分别为 –4dB、–12dB 和 –18dB，仪器中会同时绘制该 3 条曲线（具体视仪器实际情况）； 4）调节闸门位置和宽度，使其刚好框住最高回波； 5）确定 DAC 曲线第 1 个点； 6）将探头前沿对准 1 号铝试块上深度为 10mm 的 $\phi 2$ 横通孔； 7）移动探头直至找到最高回波； 8）调节闸门位置和宽度，使其刚好框住最高回波； 9）确定 DAC 曲线第 2 个点； 10）后续 DAC 曲线绘制点确定以此类推； 11）曲线制作不少于 3 点，最大深度应不小于 2 倍公称壁厚，DAC 曲线应圆滑
	（6）增加耦合补偿。执行标准 NB/T 47013.3—2015《承压设备无损检测 第 3 部分：超声检测》第 4.5.5 条规定，在检测和缺陷定量时，应对由对比试块与被检工件表面粗糙度不同引起的耦合损失进行补偿；当检测面是曲面时，应对由工件和对比试块曲率半径不同引起的耦合损失进行补偿
	（7）锯齿形扫查 1）执行标准 NB/T 47013.3—2015《承压设备无损检测 第 3 部分：超声检测》第 6.3.8.4.5 条：扫查灵敏度不低于评定线灵敏度，此时在检测范围内最大声程处的评定线高度不应低于荧光屏满刻度的 20%。 2）使用单个探头（如 5P9 × 9K2.5）在试件外表面焊缝两侧直射波、一次反射波进行检测，采用锯齿形方式扫查，探头移动速度不超过 150mm/s，每次扫查覆盖应大于探头宽度的 10%，探头前后移动的范围不小于 1.25P（P=2Kt），锯齿形扫查示意图如图 3–1 所示。

续表

检测步骤（不同仪器设备有所不同）	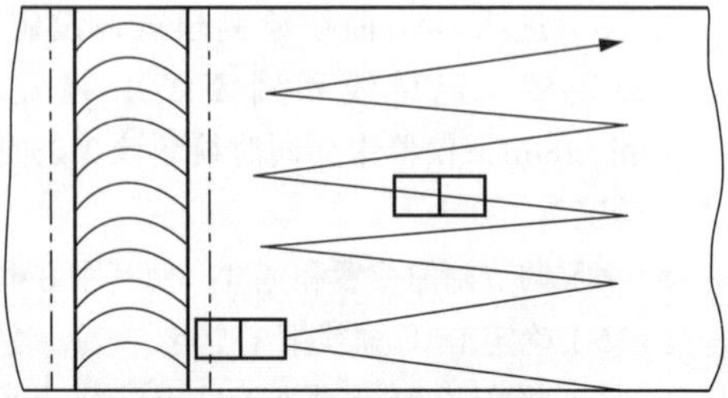 图 3-1　锯齿形扫查示意图 3）发现缺陷后，应在焊缝两侧采用前后、左右、转角、环绕等四种探头扫查方式对缺陷部位进行扫查（见图 3-2），找到缺陷最大回波，对幅值超过评定等级的缺陷应进行记录。 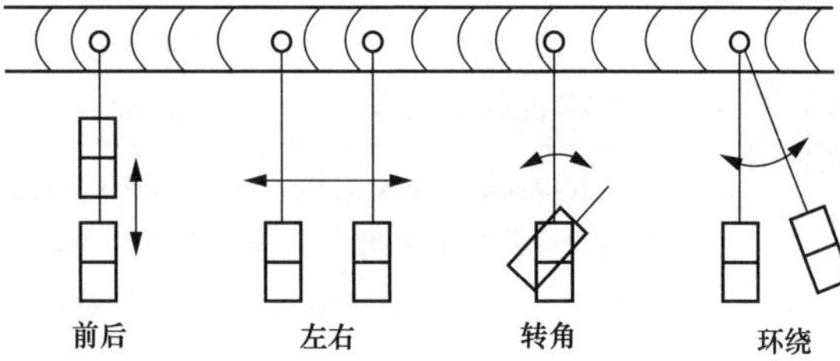 图 3-2　四种基本扫查方法示意图 4）记录缺陷最大回波处的位置、缺陷到检测面的垂直距离（即深度）、缺陷距离焊缝中心线的距离；利用绝对灵敏度测长法测定缺陷指示长度，并记录缺陷起止位置
	（8）缺陷测长：根据测定缺陷长度时的灵敏度基准不同将测长法分为相对灵敏度测长法、绝对灵敏度测长法和端点峰值法。 1）相对灵敏度测长法。相对灵敏度测长法是以缺陷最高回波为相对基准、沿缺陷的长度方向移动探头，降低一定的 dB 值来测定缺陷的长度。常用的是 6dB 法和端点 6dB 法：① 6dB 法（半波高度法）。当缺陷反射波只有一个高点时，用 6dB 法测量缺陷的指示长度，移动探头找到缺陷最大

续表

检测步骤（不同仪器设备有所不同）	波高，然后沿缺陷方向左右移动探头，当缺陷波高降低一半时，探头中心线之间的距离就是缺陷的指示长度。②端点6dB法（端点半波高度法）。当缺陷反射波有多个高点时，用端点6dB法测量缺陷的指示长度，发现缺陷后，沿缺陷方向左右移动探头，找到缺陷两端的最大波高，分别以这两个端点最大波高为基准，继续向左右移动探头，当端点最大波高降低一半时，探头中心线之间的距离为缺陷的指示长度。 2）绝对灵敏度测长法。在仪器灵敏度一定的条件下，探头沿缺陷长度方向平行移动，当缺陷波高降到规定位置时，探头移动的距离，即为缺陷的指示长度。 3）端点峰值法。探头在测长扫查过程中，如发现缺陷发射波峰值起伏变化，有多个高点时，则以缺陷两端最大反射波之间的探头移动距离来确定为缺陷指示长度
	（9）斜平行扫查：采用斜平行扫查的方式进行横向缺陷的检测，应执行标准 NB/T 47013.3—2015《承压设备无损检测 第3部分：超声检测》第6.3.8.4.6条，检测和评定横向缺陷时，应将各线灵敏度均提高6dB；执行标准 NB/T 47013.3—2015《承压设备无损检测 第3部分：超声检测》第6.3.9.1.2条，检测焊接接头横向缺陷时，可在焊接接头两侧边缘使斜探头与焊接接头中心线成不大于10° 作两个方向斜平行扫查；执行标准 GB/T 11345—2013《焊缝无损检测 超声检测 技术、检测等级和评定》附录A中的图A.1和表A.1的相应扫查方式要求
	（10）缺陷判定：根据缺陷波幅的大小及缺陷指示长度对每个缺陷进行评定，单个缺陷评定结果和部件的检测结果均为合格和不合格两类。 1）缺陷定量：对缺陷波幅达到或超过评定线的缺陷，应确定其位置、波幅和指示长度。 2）缺陷波幅：移动探头以获得缺陷的最大反射波幅为当使用不同折射角（K值）的探头或从不同检测面（侧）检测同一缺陷时，以获得的最高波幅为缺陷波幅。

续表

<table>
<tr>
<td>检测步骤（不同仪器设备有所不同）</td>
<td>
3）缺陷位置：应以获得缺陷最大反射波幅的位置为准。
4）缺陷测长：当缺陷反射波只有一个高点，且位于Ⅱ区或Ⅱ区以上时，用 -6dB 法测量其指示长度；当缺陷反射波峰值起伏变化，有多个高点，且均位于Ⅱ区或Ⅱ区以上时，应以端点 -6dB 法测量其指示长度；当缺陷最大反射波幅位于Ⅰ区，将探头左右移动，使波幅降到评定线，以评定线绝对灵敏度法测量缺陷指示长度。
5）缺陷评定。超过评定线的信号应注意其是否具有裂纹、未熔合、未焊透等类型缺陷特征，如有怀疑时，应采取改变探头折射角 (*K* 值)、增加检测面、观察动态波形并结合结构工艺特征作判定，如对波形不能判断时，应辅以其他检测方法作综合判定。
沿缺陷长度方向相邻的两缺陷，其长度方向间距小于其中较小的缺陷长度且两缺陷在与缺陷长度相垂直方向的间距小于 5mm 时，应作为一条缺陷处理，以两缺陷长度之和作为其指示长度 (间距计入)。如果两缺陷在长度方向投影有重叠，则以两缺陷在长度方向上投影的左、右端点间距离作为其指示长度。
6）质量分级：焊接接头不允许存在裂纹、未熔合和未焊透等缺陷；评定线以下的缺陷均评为Ⅰ级；焊接接头质量分级按下表规定执行（按照 JB/T 4734—2002《铝制焊接容器》第 10.6.4.2 条规定，不低于Ⅱ级合格）
铝和铝合金制及钛制承压设备对接接头超声检测质量分级
<table>
<tr><th>等级</th><th>工作厚度 t (mm)</th><th>反射波幅所在区域</th><th>允许的单个缺陷指示长度 (mm)</th></tr>
<tr><td rowspan="4">Ⅰ</td><td>8~40</td><td rowspan="2">Ⅰ</td><td>≤ 20</td></tr>
<tr><td>＞ 40~80</td><td>≤ 40</td></tr>
<tr><td>8~40</td><td rowspan="2">Ⅱ</td><td>≤ 10</td></tr>
<tr><td>＞ 40~80</td><td>≤ t/4，最大不超过 20</td></tr>
</table>
</td>
</tr>
</table>

续表

<table>
<tr><td rowspan="10">检测步骤（不同仪器设备有所不同）</td><td>等级</td><td>工作厚度 t (mm)</td><td>反射波幅所在区域</td><td>允许的单个缺陷指示长度 (mm)</td></tr>
<tr><td rowspan="4">Ⅱ</td><td>8~40</td><td rowspan="2">Ⅰ</td><td>≤ 30</td></tr>
<tr><td>＞ 40~80</td><td>≤ 60</td></tr>
<tr><td>8~40</td><td rowspan="2">Ⅱ</td><td>≤ 15</td></tr>
<tr><td>＞ 40~80</td><td>≤ t/3，最大不超过 25</td></tr>
<tr><td rowspan="3">Ⅲ</td><td rowspan="3">8~80</td><td>Ⅱ</td><td>超过Ⅱ级者</td></tr>
<tr><td>Ⅲ</td><td>所有缺陷</td></tr>
<tr><td>Ⅰ</td><td>超过Ⅱ级者</td></tr>
<tr><td colspan="4">（11）DAC 复核校验。
1）执行标准 NB/T 47013.3—2015《承压设备无损检测 第 3 部分：超声检测》第 4.5.6 条相关规定，在以下情况时应对 DAC 曲线进行复核校验，并且至少复核 1 点：①探头、耦合剂和仪器调节发生改变时；②怀疑扫描量程或扫查灵敏度有变化时；③连续工作 4h 以上时；④工作结束时。
2）扫描量程的复核：如果任意一点在扫描线上的偏移量超过扫描线该点读数的 10% 或全扫描量程的 5%，则扫描量程应重新调整，并对上一次复核以来所有的检测部位进行复检。
3）扫查灵敏度的复核：复核时，在检测范围内如发现扫查灵敏度或距离—波幅曲线上任一深度人工反射体回波幅度下降 2dB，则应对上一次复核以来所有的检测部位进行复检；如回波幅度上升 2dB，则应对所有的记录信号进行重新评定</td></tr>
<tr><td colspan="4">（12）清理现场：检测结束后，整理标准试块、试件，擦除耦合剂</td></tr>
</table>

续表

数据记录与报告出具	检测记录至少应包括以下主要内容：①记录编号；②检测标准；③检测对象；④检测设备名称、型号、编号和器材；⑤检测精度；⑥检测示意图；⑦检测原始数据；⑧检测数据的评定结果；⑨检测和记录人员；⑩检测日期。 检测报告至少要包含以下内容：①报告编号；②检测标准；③检测对象；④检测设备名称、型号和编号；⑤检测精度；⑥检测示意图；⑦检测结果和检测结论；⑧报告编写者和审核者；⑨编制日期

危险源	预防措施
现场工作时，高空坠物	在现场必须确保正确佩戴安全帽
现场工作时，地面的沟、孔、洞	在现场行走时仔细观察地面的沟、孔、洞，注意安全
现场工作时，残留在试样上的耦合剂	检测结束后，残留在试样上的耦合剂应擦净

三、支柱瓷绝缘子及瓷套A型脉冲超声波检测

支柱瓷绝缘子及瓷套A型脉冲超声波检测工作工序卡如表3-3所示。

表3–3　　支柱瓷绝缘子及瓷套A型脉冲超声波检测工作工序卡

适用范围	本方法适用于支柱瓷绝缘子及瓷套的质量检测，可用于工程现场检测
检测依据标准	GB/T 772—2005《高压绝缘子瓷件 技术条件》
	DL/T 1424—2015《电网金属技术监督规程》
	DL/T 303—2014《电网在役支柱瓷绝缘子及瓷套超声波检测》

续表

检测依据标准	DL/T 486—2010《高压交流隔离开关和接地开关》
	JB/T 9674—1999《超声波探测瓷件内部缺陷》
	JB/T 10061—1999《A 型脉冲反射式超声波探伤仪通用技术条件》
质量判定依据	（1）支柱瓷绝缘子及瓷套 A 型脉冲超声波检测质量判定依据 Q/GDW 407—2010《高压支柱瓷绝缘子现场检测导则》第 3.2.3 条规定，采用爬波探头探伤方法进行检测，出现下列情况之一者，应予判废： 1）缺陷波高度超过 1mm 人工割口的距离—波幅曲线且缺陷指示长度超过 10mm，应予判废。 2）缺陷波高度超过 1mm 人工割口的距离—波幅曲线且缺陷指示长度在 10mm 以下，应将缺陷记录存档，在下次检测时观察裂纹有无变化，如果裂纹深度或长度增加，应予判废
	（2）支柱瓷绝缘子及瓷套 A 型脉冲超声波检测质量判定依据 Q/GDW 407—2010《高压支柱瓷绝缘子现场检测导则》第 3.2.3 条规定，采用纵波斜探头探伤方法进行检测，出现下列情况之一者，应予判废： 1）缺陷波与底波同时出现，缺陷波比底波低，缺陷指示长度不小于 10mm 时，应予判废。 2）缺陷波与底波同时出现，缺陷波比底波高 0~6dB，缺陷指示长度小于 10mm 时，应将缺陷记录存档，在下次检测时看缺陷有无变化，如果缺陷深度或长度增加，应予判废。 3）缺陷波与底波同时出现，缺陷波比底波高 0 ~ 6dB，缺陷指示长度大于 10mm 时，应予判废。 4）缺陷波与底波同时出现，缺陷波比底波高出 6dB 以上，应予判废。 5）只有缺陷波出现而无底波出现时，应予判废
仪器设备	超声波探伤仪、探头及探头线、试块等

续表

<table>
<tr><td rowspan="2">工前准备</td><td>（1）检查超声波探伤仪、探头、试块、耦合剂、尺子等是否完好、齐全。记录好待检测试件的编号、材质、规格，确认被检工件的基准位置</td></tr>
<tr><td>（2）检测前应充分了解设备的有关状况，如设备的运行情况、支柱瓷绝缘子及瓷套的外形尺寸、结构型式；查阅制造厂出厂和安装时有关质量资料；查看被检支柱瓷绝缘子及瓷套上的产品标识和表面状况等</td></tr>
<tr><td>检测步骤（不同仪器设备有所不同）</td><td>（1）检测区域的确定：支柱瓷绝缘子及瓷套受其结构及在运行中的受力状况等因素影响，主要检测区域是上、下瓷件端头与法兰胶装整个区域，重点是法兰口内外 5mm 与瓷体相交的区域，如图 3–4 所示。
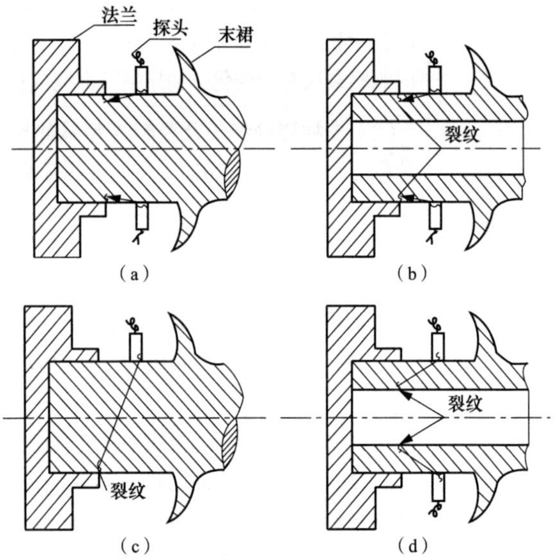

图 3–4　检测区域
（a）爬波探头检测支柱瓷绝缘子表面缺陷；（b）纵波斜入射探头检测支柱瓷绝缘子内部及对称外表面缺陷；（c）爬波探头检测瓷套表面缺陷；（d）纵波斜入射探头检测瓷套内部及内壁缺陷</td></tr>
</table>

续表

检测步骤（不同仪器设备有所不同）	（2）声速测定：支柱瓷绝缘子及瓷套从普通瓷到高强瓷的声速范围在 5800 ~ 6700m/s 之间，差别约为 900 m/s，如此大的偏差范围会给支柱瓷绝缘子及瓷套的有效检测带来显著影响，需要对不同批次不同规格的支柱瓷绝缘子进行声速的测定，根据声速确定参考试块、爬波探头的选择。声速测定方法如下： 1）使用外卡尺测出支柱瓷绝缘子直径，至少每隔 90° 测量一点，做好记录并将测量数据输入仪器； 2）将 5MHz 小角度纵波斜探头置于外卡尺测试点，找到一次底波，波高调整到大于 80% 满屏高度，并将其移动到闸门范围内，提高灵敏度再找出二次底波回波大于 80% 满屏高度，并将回波限制在闸门内，仪器将自动进行测试并显示出声速值
	（3）小角度纵波检测。 1）扫描速度的调整：按深度调整扫描速度，可直接用所检支柱绝缘子的两次底波进行调整，也可用声学性能与所检支柱绝缘子声学性能相近的底波进行调整。 2）灵敏度的选择：将探头对准试品，直接将底波调整到满幅的 80% 作为探伤灵敏度，或者用与试品声学性能相同的试块进行调整，将探头对准试块，将试块的底波调整到满幅的 80%。 3）扫查方式：沿轴向和圆周方向移动探头。保证声束能覆盖到工件的整个检测区域。 4）缺陷指示长度的确定：用 6dB 法（半波高度法）测定缺陷指示长度。纵波检测时，缺陷长度应将外表面测量的长度按照在圆柱体中的深度折算成实际长度，然后按照标准加以判定。折算公式为 $$l=\left(\frac{R-h}{R}\right)\times L \qquad (3\text{-}1)$$

续表

检测步骤（不同仪器设备有所不同）	式中：l为折算后的长度；R为半径；h为缺陷指示深度，$h \leqslant R$；L为表面检测长度。 5）波形分析：当瓷件内部良好时，只存在底部反射波；当瓷件内部不良时，出现了缺陷波，当缺陷比较大时，底部反射波还会消失。 6）缺陷判定：执行标准 Q/GDW 407—2010《高压支柱瓷绝缘子现场检测导则》第 3.2.3 条相关要求对缺陷进行判定。采用纵波斜探头探伤方法进行检测，出现下列情况之一者，应予判废：①缺陷波与底波同时出现，缺陷波比底波低，缺陷指示长度不小于 10mm 时，应予判废；②缺陷波与底波同时出现，缺陷波比底波高 0~6dB，缺陷指示长度小于 10mm 时，应将缺陷记录存档，在下次检测时看缺陷有无变化，如果缺陷深度或长度增加，应予判废；③缺陷波与底波同时出现，缺陷波比底波高 0~6dB，缺陷指示长度大于 10mm 时，应予判废；④缺陷波与底波同时出现，缺陷波比底波高出 6dB 以上，应予判废；⑤只有缺陷波出现而无底波出现时，应予判废
	（4）爬波检测。 1）扫描速度的调整：爬波探头前沿对准试块 1mm 人工割口处，把反射波调到仪器水平刻度 2 之上，把探头往后拉动 4cm，使反射波落到仪器水平刻度 6 上，此时比例尺 1 ∶ 1（即仪器水平刻度 1 格代表支柱绝缘子上 1cm 的距离）。 2）距离—波幅曲线的确定：将爬波探头置于试块上，相对 1mm 人工刻槽以一定间距（如 5mm）移动，在荧光屏上做出裂纹回波幅度随探头至裂纹水平距离变化的曲线，即距离—波幅曲线。 3）探伤灵敏度的调整：利用试块的 1mm 人工割口距离—波幅曲线作为探伤灵敏度。 4）扫查方式：径向旋转扫查。

续表

检测步骤（不同仪器设备有所不同）	5）缺陷指示长度的确定：发现支柱瓷绝缘子有缺陷时，可采用6dB法（半波高度法）对缺陷进行测长。当缺陷波只有一个波峰高点时采用6dB法（半波高度法），以缺陷最高回波为基准，将探头沿缺陷的长度方向向两端移动，当缺陷波高度下降一半（6dB）时，两端探头的中心点作为缺陷两端的边界，其长度为缺陷的指示长度。 6）波形分析：如图3-5所示，当瓷件良好时，无反射波；当瓷件存在缺陷时，出现缺陷反射波。 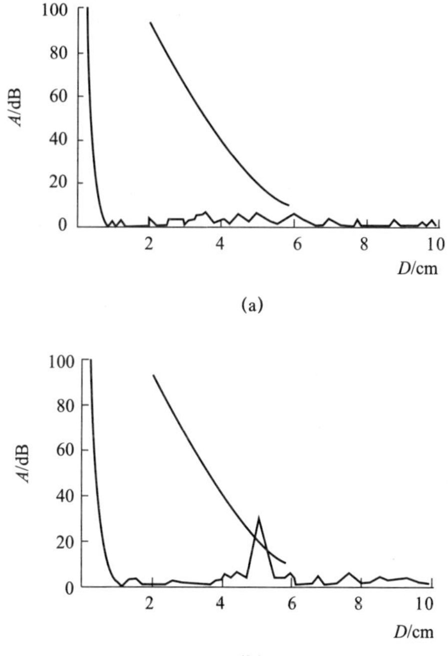 **图3–5　检测波形** （a）内部无缺陷时波形；（b）内部存在缺陷时波形

续表

检测步骤（不同仪器设备有所不同）	7）缺陷判定：执行标准 Q/GDW 407—2010《高压支柱瓷绝缘子现场检测导则》第 3.2.3 条相关要求对缺陷进行判定。采用爬波探头探伤方法进行检测，出现下列情况之一者，应予判废：①缺陷波高度超过 1mm 人工割口的距离—波幅曲线且缺陷指示长度超过 10mm，应予判废；②缺陷波高度超过 1mm 人工割口的距离—波幅曲线且缺陷指示长度在 10mm 以下，应将缺陷记录存档，在下次检测时观察裂纹有无变化，如果裂纹深度或长度增加，应予判废
	（5）清理现场：检测结束后，整理标准试块和试件，擦除耦合剂
数据记录与报告出具	检测记录至少应包括以下主要内容：①记录编号；②检测标准；③检测对象；④检测设备名称、型号、编号和器材；⑤检测精度；⑥检测示意图；⑦检测原始数据；⑧检测数据的评定结果；⑨检测和记录人员；⑩检测日期。 检测报告至少要包含以下内容：①报告编号；②检测标准；③检测对象；④检测设备名称、型号和编号；⑤检测精度；⑥检测示意图；⑦检测结果和检测结论；⑧报告编写者和审核者；⑨编制日期

危险源	预防措施
现场工作时，高空坠物	在现场必须确保正确佩戴安全帽
现场工作时，地面的沟、孔、洞	在现场行走时仔细观察地面的沟、孔、洞，注意安全
现场工作时，残留在试样上的耦合剂	检测结束后，残留在试样上的耦合剂应擦净

四、超声波测厚

超声波测厚工作工序卡如表 3-4 所示。

表 3–4　　超声波测厚工作工序卡

适用范围	本方法适用于金属、塑料、其他复合材料的厚度检测
检测依据标准	GB/T 11344—2008《无损检测 接触式超声脉冲回波法测厚方法》
	DL/T 1424—2015《电网金属技术监督规程》
	DL/T 1425—2015《变电站金属材料腐蚀防护技术导则》
	NB/T 47013—2015《承压设备无损检测》
质量判定依据	GB/T 11344—2008《无损检测 接触式超声脉冲回波法测厚方法》
	DL/T 1424—2015《电网金属技术监督规程》第 6.1.7 条规定外密闭箱体（控制、操作及检修电源箱等）厚度不应小于 2mm
	Q/GDW 11717—2017《电网设备金属技术监督导则》
	Q/GDW 13091.1—2018《12kV 环网柜采购标准 第 1 部分：通用技术规范》第 5.2.5 条
仪器设备	超声波探伤仪、探头、试块、耦合剂、砂纸、毛巾等
工前准备	（1）检测仪器设备是否完好，是否在有效期内
	（2）记录待检试件编号、材质、规格
	（3）完成仪器自检，自校准
检测步骤（不同仪器设备有所不同）	（1）使用阶梯试块对测厚仪进行两点校准，校准完毕后，在阶梯试块 2mm 厚度处进行校核，测量次数不少于 3 次
	（2）清除试件表面杂质、异物

续表

检测步骤（不同仪器设备有所不同）	（3）在试件表面平整处选取5个测试点，测试点位置距离边缘不小于50mm，在测试点涂上耦合剂
	（4）测厚仪探头垂直紧贴测试点，使其耦合良好，待仪器读数稳定后记录检测结果，结果保留小数点后2位
	（5）测量箱体两个侧面和反面时，重复本条步骤2~4
	（6）测量结束后，在阶梯试块2mm厚度处进行复核，复核测量不少于3次
	（7）检测结束后，整理标准试块、试件，擦除耦合剂
数据记录与报告出具	检测记录至少应包括以下主要内容：①公称厚度；②仪器型号、编号、显示精度。 检测报告至少要包含以下内容：①测试部位；②厚度数据；③检测结果
危险源	预防措施
高处作业，防止高处坠落	佩戴安全带
现场工作时，高空坠物	在现场必须确保正确佩戴安全帽
现场工作时，地面的沟、孔、洞	在现场行走时仔细观察地面的沟、孔、洞，注意安全。现场的沟、孔、洞应设置围栏，禁止跨越

五、相控阵检测

相控阵检测工作工序卡如表3-5所示。

表3-5　相控阵检测工作工序卡

适用范围	本方法适用于钢管塔焊缝检测，必要时，也可用于GIS设备焊缝检测

续表

检测依据标准	GB/T 32563—2016《无损检测 超声检测 相控阵超声检测方法》
	JB/T 11731—2013《无损检测 超声相控阵探头通用技术条件》
质量判定依据	评定等级依据 GB/T 11345—2013《焊缝无损检测 超声检测 技术、检测等级和评定》第 10.3 条
	缺陷的评估依据 GB/T 28819—2012《充气高压开关设备用铝合金外壳》第 7.4.1.8 条
仪器设备	超声波相控阵仪器、探头及楔块、试块、耦合剂
工前准备	（1）根据现场情况选择合适的仪器设备，检查超声波相控阵仪器、探头、试块、楔块、耦合剂、尺子等是否完好、齐全。所选的超声波相控阵探伤仪、探头及试块应具有相应质量合格证明并在校准（核查）有效期内
	（2）对扫查面进行预处理，选取焊接接头周围检测区域，应包含焊缝本身宽度加上两侧各 10mm 或实际热影响区宽度（取较大值）
检测步骤（不同仪器设备有所不同）	（1）进行焊缝扫查，结束后点击“保存”保存扫查结果，方便后续分析。扫查过程中，遇到以下情况应该对系统进行复核：校准后的探头和耦合剂发生变化时；怀疑灵敏度和量程有变化时；连续工作 4h 以上时；检测工作结束前
	（2）对扫查结果进行数据分析
	（3）缺陷的评定，缺陷的评定方式可参照 GB/T 29712—2013《焊缝无损检测 超声检测 验收等级》，也可由合同双方进行商定
	（4）生成仪器检测报告，记录相关检测数据，出具检测报告

续表

数据记录与报告出具	检测记录至少应包括以下主要内容：①记录编号；②检测标准；③检测对象；④检测设备名称、型号、编号和器材；⑤检测精度；⑥检测示意图；⑦检测原始数据；⑧检测数据的评定结果；⑨检测和记录人员；⑩检测日期。 检测报告至少要包含以下内容：①报告编号；②检测标准；③检测对象；④检测设备名称、型号和编号；⑤检测精度；⑥检测示意图；⑦检测结果和检测结论；⑧报告编写者和审核者；⑨编制日期
危险源	预防措施
现场工作时，高空坠物	在现场必须确保正确佩戴安全帽
现场工作时，地面的沟、孔、洞	在现场行走时仔细观察地面的沟、孔、洞，注意安全
现场工作时，误入带电间隔	注意警示标识

六、TOFD 检测

TOFD 检测工作工序卡如表 3-6 所示。

表 3–6　　TOFD 检测工作工序卡

适用范围	本方法适用于钢管塔焊缝检测，必要时，也可用于 GIS 设备焊缝检测
检测依据标准	GB/T 27664.1—2011《无损检测 超声检测设备的性能与检验 第 1 部分：仪器》
	JB/T 9214—2010《无损检测 A 型脉冲反射式超声检测系统工作性能测试方法》
质量判定依据	缺陷与质量分级依据 NB/T 47013.10—2015《承压设备无损检测 第 10 部分：衍射时差法超声检测》第 13 条进行评定
仪器设备	TOFD 仪器、探头、试块、楔块、耦合剂、尺子

续表

工前准备	对工件进行外观检查，根据工件厚度选择合适的探头（NB/T 47013.10—2015《承压设备无损检测 第10部分：衍射时差法超声检测》第5.2条）： 1）工件厚度 $t \leqslant 50$mm 时，可采用一组探头对检测； 2）当工件厚度 $t > 50$mm 时，应在厚度方向分成若干区域采用不同设置的探头对进行检测。此时，探头声速在所在检测区域高度范围内相对声束轴线处的声压幅值下降均不应超过12dB，同时检测工件底面的探头声束与底面法线间的夹角不应小于40°
检测步骤（不同仪器设备有所不同）	（1）进行仪器设置：包括检测通道数设置、声束模拟覆盖设置、探头与楔块的装配、扫查架的装配、超声参数设置、时间窗口设置、扫查架设置、通道间距设置，保存参数，进行灵敏度调节
	（2）扫查：一般分为非平行扫查、偏置非平行扫查和平行扫查三种主要扫查方式
	（3）缺陷评定与质量分级，按NB/T 47013.10—2015《承压设备无损检测 第10部分：衍射时差法超声检测》第13条评定
	（4）记录相关检测数据，出具检测报告
数据记录与报告出具	检测记录至少应包括以下主要内容：①记录编号；②检测标准；③检测对象；④检测设备名称、型号、编号和器材；⑤检测精度；⑥检测示意图；⑦检测原始数据；⑧检测数据的评定结果；⑨检测和记录人员；⑩检测日期。 检测报告至少要包含以下内容：①报告编号；②检测标准；③检测对象；④检测设备名称、型号和编号；⑤检测精度；⑥检测示意图；⑦检测结果和检测结论；⑧报告编写者和审核者；⑨编制日期

续表

危险源	预防措施
现场工作时，高空坠物	在现场必须确保正确佩戴安全帽
现场工作时，地面的沟、孔、洞	在现场行走时仔细观察地面的沟、孔、洞，注意安全
现场工作时，误入带电间隔	注意警示标识

第二节　X射线检测

一、“三跨”线路耐张线夹压接质量X射线检测

“三跨”线路耐张线夹压接质量X射线检测工作工序卡如表3-7所示。

表3-7　“三跨”线路耐张线夹压接质量X射线检测工作工序卡

适用范围	本方法适用于“三跨”线路耐张线夹
检测依据标准	DL/T 5285—2013《输变电工程架空导线及地线液压压接工艺规程》
	Q/GDW 11793—2017《输电线路金具压接质量X射线检测技术导则》
质量判定依据	Q/GDW 11793—2017《输电线路金具压接质量X射线检测技术导则》
仪器设备	X射线检测仪、成像板、激光扫描仪、专用笔记本电脑、辐射报警仪

续表

工前准备	（1）记录被检件、仪器、现场状况等信息
	（2）检查仪器是否正常，X 射线检测仪训机
检测步骤（不同仪器设备有所不同）	（1）透照布置，将 X 射线检测仪放置在被检设备的正前方，使透照时 X 射线束中心垂直指向透照区中心，需要时也可选有利于发现缺陷的方向透照。成像板放置在设备的另一侧，紧贴在设备上，使射线穿过被检设备对成像板进行曝光
	（2）成像技术，选择合适的射线能量、曝光量
	（3）图像处理与观察。 1）利用激光扫描读出器对成像板上的信息进行数据采集和处理。 2）图像观察应在光线柔和的环境中，在现场应在移动实验室中观察，图像显示器应清洁、无斑痕、无明显的光线反射。观察距离约为显示屏高度的 3 ~ 5 倍。 3）在专用笔记本电脑显示屏上利用图像处理软件缩放、图像降噪、亮度、对比度增强、边缘增强、正像或负像显示、图像几何尺寸标定和测量、缺陷定位等基本功能使图像利于观察和分析
	（4）图像存储。 1）检验图像原始数据不可更改，应储存在光盘等保存媒体中，保存在防磁、防潮、防尘、防挤压的环境中。 2）检验图像应备案，妥善保存 8 年以上以备核查。有效保存期内，图像数据应不可更改。相应的原始记录和检验报告也应同期保存
数据记录与报告出具	检测记录至少应包括以下主要内容：①记录编号；②检测标准；③仪器型号；④透照参数；⑤检测日期；⑥检测地点；⑦检测单位及人员；⑧被检设备名称及型号；⑨检测部位及示意图；⑩缺陷描述；⑪ 图像资料。

续表

数据记录与报告出具	检测报告至少要包含以下内容：①报告编号；②检测标准；③仪器型号；④透照参数；⑤检测日期；⑥检测地点；⑦检测单位及人员；⑧被检设备名称及型号；⑨检测部位及示意图；⑩缺陷描述；⑪图像资料。⑫报告编写者和审核者；⑬编制日期；

危险源	预防措施
现场工作时，高空坠物	在现场必须确保正确佩戴安全帽
现场工作时，地面的沟、孔、洞	在现场行走时仔细观察地面的沟、孔、洞，注意安全
X 射线辐射	保持设备安全距离，采用可靠措施隔离受照区域，注意辐射防护

二、GIS 设备 X 射线检测

GIS 设备 X 射线检测工作工序卡如表 3-8 所示。

表 3–8　　GIS 设备 X 射线检测工作工序卡

适用范围	本方法适用于 GIS 设备焊缝、壳体内部构件检测
检测依据标准	GB 7674—2008《额定电压 72.5kV 及以上气体绝缘金属封闭开关设备》
	DL/T 1946—2018《气体绝缘金属封闭开关设备 X 射线透视成像现场检测技术导则》
质量判定依据	GB/T 28819—2012《充气高压开关设备用铝合金外壳》
	结果评定和质量分级依据 NB/T 47013.2—2015《承压设备无损检测 第 2 部分：射线检测》第 6 条和第 7 条进行
质量判定依据	缺陷的评估依据 DL/T 617—2019《气体绝缘金属封闭开关设备技术条件》进行

续表

仪器设备	X 射线检测仪、成像板、激光扫描仪、专用笔记本电脑、辐射报警仪
工前准备	（1）记录被检件、仪器、现场状况等的信息
	（2）检查仪器是否正常，X 射线检测仪训机
检测步骤（不同仪器设备有所不同）	（1）透照布置，将 X 射线检测仪放置在被检 GIS 设备的正前方，使透照时 X 射线束中心垂直指向透照区中心，需要时也可选有利于发现缺陷的方向透照。成像板放置在 GIS 设备的另一侧，紧贴在 GIS 设备上，使射线穿过被检设备对成像板进行曝光
	（2）成像技术，选择合适的射线能量、曝光量和几何不清晰度
	（3）图像处理与观察。 1）利用激光扫描读出器对成像板上的信息进行数据采集和处理。 2）图像观察应在光线柔和的环境中，在现场应在移动实验室中观察，图像显示器应清洁、无斑痕、无明显的光线反射。观察距离约为显示屏高度的 3 ~ 5 倍。 3）在专用笔记本电脑显示屏上利用图像处理软件缩放、图像降噪、亮度、对比度增强、边缘增强、正像或负像显示、图像几何尺寸标定和测量、缺陷定位等基本功能使图像利于观察和分析
	（4）图像存储。 1）检验图像原始数据不可更改，应储存在光盘等保存媒体中，保存在防磁、防潮、防尘、防挤压的环境中。 2）检验图像应备案，妥善保存 8 年以上以备核查。有效保存期内，图像数据应不可更改。相应的原始记录和检验报告也应同期保存

续表

数据记录与报告出具	检测记录至少应包括以下主要内容：①记录编号；②检测标准；③检测对象；④检测设备名称、型号、编号和器材；⑤检测精度；⑥检测示意图；⑦检测原始数据；⑧检测数据的评定结果；⑨检测和记录人员；⑩检测日期。 检测报告至少要包含以下内容：①报告编号；②检测标准；③仪器型号；④透照参数；⑤检测日期；⑥检测地点；⑦检测单位及人员；⑧被检设备名称及型号；⑨检测部位及示意图；⑩缺陷描述；⑪ 图像资料。⑫ 报告编写者和审核者；⑬ 编制日期；	
危险源		预防措施
现场工作时，高空坠物		在现场必须确保正确佩戴安全帽
现场工作时，地面的沟、孔、洞		在现场行走时仔细观察地面的沟、孔、洞，注意安全
X 射线辐射		保持设备安全距离，采用可靠措施隔离受照区域，注意辐射防护

第三节　表面检测

一、磁粉检测

磁粉检测工作工序卡如表 3-9 所示。

表 3–9　磁粉检测工作工序卡

适用范围	本方法适用于检测铁磁性材料表面和近表面缺陷
检测依据标准	GB/T 26951—2011《焊缝无损检测 磁粉检测》

续表

检测依据标准	GB/T 26952—2011《焊缝无损检测 焊缝磁粉检测 验收等级》
	NB/T 47013.4—2015《承压设备无损检测 第 4 部分：磁粉检测》
质量判定依据	焊接接头质量判定依据 NB/T 47013.4—2015《承压设备无损检测 第 4 部分：磁粉检测》第 9.2 条表 6 焊接接头的质量分级
	其他部件质量判定依据 NB/T 47013.4—2015《承压设备无损检测 第 4 部分：磁粉检测》第 9.2 条表 7 其他部件的质量分级
仪器设备	放大镜、安全帽、安全带、皮尺、手电筒、喷壶、电源盘、磁粉探伤仪
工前准备	（1）选用适合的检测方法（采用非荧光、湿法连续法）
	（2）检查各个需要涉及的仪器、工具是否计量、检验合格
	（3）提升力要求：当使用磁轭最大间距时，交流电磁轭至少应有 45N 的提升力；直流电磁轭至少应有 177N 的提升力；交叉磁轭至少应有 118N 的提升力
	（4）磁粉：磁粉要具有高导磁率和低剩磁性质，磁粉不应相互吸引，粒度要均匀，颜色与被检工件表面有较高的对比度，一般使用黑磁膏
	（5）磁悬液：使用黑水、黑油磁悬液，或者用水作为分散介质，配置浓度为 10 ~ 25g/L 的黑磁膏磁悬液
	（6）标准试片：一般选用 A1-30/100 型标准试片，也可选用 C-15/50 型试片
	（7）检测部位与比例，根据部件的性质，其检测部位与比例要满足相应安全技术规范、相关标准及有关技术文件中的要求

续表

工前准备	（8）检测面表面状况：表面粗糙度、表面杂质、孔隙应适合磁粉检测要求，必要时使用反差增强剂以提高对比度
	（9）检测时机：焊缝检测在焊接工序完成之后进行；有延迟裂纹倾向的在焊后 24h 后进行；对于紧固件和锻件的磁粉检测在最终热处理后进行
检测步骤（不同仪器设备有所不同）	（1）预处理：对检测表面进行清理，保证被检区域光滑，无油污、铁锈、氧化皮或其他黏附磁粉的物质
	（2）放置标准试片：将试片无人工缺陷的面朝外，放置在磁化区域边缘。为使试片与被检表面接触良好，可将其用透明胶带平整粘贴在被检面上，并注意胶带不能覆盖试片上的人工缺陷
	（3）磁化：一般采用磁轭法，磁化电流根据标准试片实测结果来选择；磁轭的磁极间距应控制在 75 ~ 200mm 之间，检测的有效区域为两极连线两侧各 50mm 范围内，磁化区域每次应有不少于 15mm 的重叠
	（4）施加磁悬液：在通电磁化过程中，采用喷壶在磁轭行走方向的前上方喷洒磁悬液，喷洒前应用力摇动，使磁悬液充分搅拌均匀
	（5）观察和记录：缺陷磁痕的观察应在磁痕形成后立即进行，必要时可用 2 ~ 10 倍放大镜进行观察。缺陷的显示记录可采用照相、录像和可剥性塑料薄膜等方式，同时应用草图进行标示
	（6）检测后处理：用刷洗、水洗、布或纸擦除等方法清除残余磁悬液
数据记录与报告出具	检测记录至少应包括以下主要内容：①检测部位；②检测比例；③检测仪器；④仪器编号；⑤标注试片；⑥磁粉类型；⑦磁悬液浓度。 检测报告至少要包含以下内容：①检测位置；②缺陷位置；③缺陷性质；④缺陷痕迹尺寸；⑤缺陷评级

续表

危险源	预防措施
高处作业，防止高处坠落	佩戴安全带
现场工作时，高空坠物	在现场必须确保正确佩戴安全帽、安全带
现场工作时，地面的沟、孔、洞	在现场行走时仔细观察地面的沟、孔、洞，注意安全。现场的沟、孔、洞应设置围栏，禁止跨越

二、渗透检测

渗透检测工作工序卡如表 3-10 所示。

表 3–10　渗透检测工作工序卡

适用范围	本方法适用于检查表面开口缺陷的无损检测
检测依据标准	GB/T 18851.1—2012《无损检测 渗透检测 第 1 部分：总则》
	GB/T 26953—2011《焊缝无损检测 焊缝渗透检测 验收等级》
	NB/T 47013.5—2015《承压设备无损检测 第 5 部分：渗透检测》
质量判定依据	焊接接头质量判定依据 NB/T 47013.5—2015《承压设备无损检测 第 5 部分：渗透检测》第 8.2.2 条表 5 焊接接头的质量分级
	其他部件质量判定依据 NB/T 47013.5—2015《承压设备无损检测 第 5 部分：渗透检测》第 8.2.3 条表 6 其他部件的质量分级
仪器设备	放大镜、安全帽、安全带、皮尺、手电筒、清洗剂、渗透剂、显像剂

续表

工前准备	（1）采用溶剂去除型着色渗透检测（溶剂悬浮显像剂）Ⅱ C-d
	（2）使用在有效期内的渗透检测剂系统（清洗剂、渗透剂和显像剂）
	（3）试块用于检测检测剂性能及操作工艺，有铝合金试块和镀珞试块；试块使用后要用丙酮清洗并在干燥的环境中保存
	（4）检测部位与比例：根据部件的性质，其检测部位与比例要满足相应安全技术规范、相关标准及有关技术文件中的要求
	（5）检测面表面状况：表面粗糙度、表面杂质符合要求；应去除表面锈蚀、氧化皮和各种防护层；局部检测时，要从检测部位四周向外扩展至少 25mm 进行表面状况的准备
	（6）检测时机：焊缝检测在焊接工序完成之后进行；有延迟裂纹倾向的在焊后 24h 后进行；对于紧固件和锻件的磁粉检测在最终热处理后进行
检测步骤（不同仪器设备有所不同）	（1）预清洗：对检测表面清理后用溶剂等进行清洗，清洗后检测面上必须干燥且保证在施加渗透剂之前不被污染
	（2）施加渗透剂：施加方法用喷罐喷涂，要保证被检部位完全被渗透剂覆盖，并在整个渗透时间内保持湿润状态。在 10~50℃的温度下，渗透时间不得少于 10min；在 5~10℃的温度下，渗透时间不得少于 20min。当渗透检测不可能在 10~50℃的标准温度范围内进行时，则应用铝合金淬火试块作对比试验，对操作方法进行修正，用于非标准温度的检测方法见 NB/T 47013.5—2015《承压设备无损检测 第 5 部分：渗透检测》附录 B

续表

检测步骤（不同仪器设备有所不同）	（3）清除多余渗透剂：使用喷罐清洗剂前先用干燥、干净不脱毛布依次擦拭，再用蘸有清洗剂的布或纸擦净，不允许往复擦拭和用清洗剂直接冲洗
	（4）干燥处理：在室温下干燥 5~10min
	（5）施加显像剂：摇匀显像剂喷罐，喷嘴离被检工件表面距离 300~400mm，喷涂方向与被检面夹角为 30°~40°，喷涂效果须薄而均匀
	（6）观察和记录：观察显示痕迹应在显像剂施加后 7~60min 内进行。必要时可用 5~10 倍放大镜进行观察。缺陷的显示记录可采用照相、录像和可剥性塑料薄膜等方式，同时应用草图进行标示
	（7）处理检测残留：用刷洗、水洗、布或纸擦除等方法清除残余试剂
数据记录与报告出具	检测记录至少应包括以下主要内容：①检测部位；②检测比例；③表面状况；④材质；⑤清洗剂、渗透剂、显像剂型号；⑥渗透时间；⑦显像时间。 检测报告至少要包含以下内容：①检测位置；②缺陷位置；③缺陷性质；④缺陷痕迹尺寸；⑤缺陷评级
危险源	预防措施
高处作业，防止高处坠落	佩戴安全带
现场工作时，高空坠物	在现场必须确保正确佩戴安全帽
现场工作时，地面的沟、孔、洞	在现场行走时仔细观察地面的沟、孔、洞，注意安全。现场的沟、孔、洞应设置围栏，禁止跨越
试剂沾染皮肤，口鼻吸入试剂	穿长袖、长裤，佩戴口罩、乳胶手套

第四节　镀层厚度检测

一、X 射线荧光法镀层厚度检测

X 射线荧光法镀层厚度检测工作工序卡如表 3-11 所示。

表 3-11　　　X 射线荧光法镀层厚度检测工作工序卡

适用范围	本方法适用于各种金属镀层厚度检测，适用于隔离开关触头镀银层、开关柜触头镀银层、铜排连接导电接触部位镀银层、导电片触头镀银层、开关接线端子镀锡层厚度检测
检测依据标准	GB/T 16921—2005《金属覆盖层 镀层厚度测量　X 射线光谱方法》
质量判定依据	跌落式熔断器的导电片触头接触部分质量判定依据 Q/GDW 11257—2014《10kV 户外跌落式熔断器选型技术原则和检测技术规范》第 6.9.4 条规定，镀银层厚度≥ 3μm
	隔离开关和接地开关动、静触头接触部位质量判定依据 Q/GDW 11717—2017《电网设备金属技术监督导则》第 9.2.3 条规定，镀银层厚度应不小于 20μm
	开关柜梅花触头、铜排质量判定依据 Q/GDW 11717—2017《电网设备金属技术监督导则》第 12.2.2 条和第 12.2.3 条规定，镀银层厚度应不小于 8μm
	断路器接线端子质量判定依据 Q/GDW 13084.3—2018《12kV 户外柱上断路器采购标准 第 3 部分：12kV 户外柱上 SF_6 断路器专用技术规范》表 1 规定，镀锡层厚度≥ 12μm
仪器设备	手持式 / 台式 X 射线镀层测厚仪

续表

工前准备	（1）了解被检部件的名称、规格、镀银层厚度的要求范围等
	（2）做好仪器准备工作。手持式测厚仪应提前充好电，台式测厚仪需提前预热，保证测量的精确性和稳定性
检测步骤（不同仪器设备有所不同）	（1）开机，预热仪器
	（2）按照仪器要求的周期，确定是否应使用纯元素片进行基准测量
	（3）使用厚度标准片进行校准
	（4）设置参数，测量镀银层厚度并记录
	（5）关机
	（6）根据相关标准判定镀层厚度是否合格
数据记录与报告出具	检测记录至少应包括以下主要内容：①记录编号；②检测标准；③检测对象；④检测设备名称、型号、编号和器材；⑤检测精度；⑥检测示意图；⑦检测原始数据；⑧检测数据的评定结果；⑨检测和记录人员；⑩检测日期。 检测报告至少要包含以下内容：①报告编号；②检测标准；③检测对象；④检测设备名称、型号和编号；⑤检测精度；⑥检测示意图；⑦检测结果和检测结论；⑧报告编写者和审核者；⑨编制日期

危险源	预防措施
X 射线	正确操作，保持设备安全距离。检测人员需经过专业培训才可操作仪器

二、磁性法镀层厚度检测

磁性法镀层厚度检测工作工序卡如表 3-12 所示。

表 3–12　　　　磁性法镀层厚度检测工作工序卡

适用范围	本方法适用于磁性金属基体上非磁性覆盖层厚度的测量，适用于输变电结构支架、紧固件、变电站接地体、铁件涂覆层厚度测量
检测依据标准	GB/T 4956—2003《磁性基体上非磁性覆盖层 覆盖层厚度测量 磁性法》
	GB/T 13912—2002《金属覆盖层 钢铁制件热浸镀锌层 技术要求及试验方法》
质量判定依据	接地体质量判定依据 DL/T 1342—2014《电气接地工程用材料及连接件》第 6.1.2.2 条规定，热浸镀层厚度最小值 70μm，最小平均值 85μm
	敞开式隔离开关水平连杆、拐臂和接地开关连杆以及 GIS 隔离开关的外露连杆、拐臂质量判定依据 DL/T 1425—2015《变电站金属材料腐蚀防护技术导则》中表 1 规定，传动件镀锌层平均厚度不低于 65μm
	跌落式熔断器铁件质量判定依据 Q/GDW 13087.1—2018《12kV ~ 40.5kV 户外跌落式熔断器采购标准 第 1 部分：通用技术规范》第 5.2.3.3 条规定，镀锌层厚度≥ 80μm
仪器设备	铁磁性涂覆层测厚仪
工前准备	（1）检查铁磁性涂覆层测厚仪器、校准标准片等是否完好、齐全
	（2）检查被检工件，工件表面应连续、完整，不应有过酸洗、漏镀、结瘤、毛刺等缺陷。当试件表面存在影响检测的灰尘、油污等时，应擦拭工件待检部位

续表

工前准备	（3）连接探头与主机，开机
	（4）采用无涂镀层的磁性铁基试片对仪器进行零点校准；再根据不同的金属部件选用合适的校准标准片，将两个厚度不同的校准标准片依次放在铁基试片裸板上，进行两点校准
检测步骤（不同仪器设备有所不同）	（1）使用经校准后的覆层测厚仪对被检工件进行检测
	（2）测试时，每次测量间隔提离高度应不小于 100mm。测试点应均匀分布，测试点的位置、数目按下列规定： 1）角钢工件每面测试 3 处各 1 点，且离边缘距离不小于 10mm，4 面共 12 点。 2）钢板工件每面测试 6 处各 1 点，且离边缘距离不小于 10mm，2 面共 12 点。 3）钢管工件距端部边缘不小于 100mm 和中间任意位置各环向均匀测试 4 点，共取 12 点。 4）跌落式熔断器铁件、电力金具工件测试点距离边缘不小于 10mm 且不应位于火焰切割面，每个工件应至少取 5 个测试点。 5）支柱绝缘子工件测试点应避免位于工件边缘和棱角部位，每个工件应至少取 10 个测试点。 6）紧固件。螺栓工件的测试点应位于螺栓头顶面、棱面及螺杆底面，螺母工件的测试点应位于端面或棱面。测试点应尽量靠近检测面的中心部位。每个工件应至少取 5 个测试点。因几何形状的限制不允许测 5 个点的情况下，可以用 5 个试件的测厚平均值
	（3）记录被检工件每个测试点的镀锌层厚度值并计算其算数平均值
	（4）检测完毕后关闭铁磁性涂覆层测厚仪
	（5）根据相关标准判定镀层厚度是否合格

续表

数据记录与报告出具	检测记录至少应包括以下主要内容：①记录编号；②检测标准；③检测对象；④检测设备名称、型号、编号和器材；⑤检测精度；⑥检测示意图；⑦检测原始数据；⑧检测数据的评定结果；⑨检测和记录人员；⑩检测日期。 检测报告至少要包含以下内容：①报告编号；②检测标准；③检测对象；④检测设备名称、型号和编号；⑤检测精度；⑥检测示意图；⑦检测结果和检测结论；⑧报告编写者和审核者；⑨编制日期
危险源	预防措施
高处作业，防止高处坠落	佩戴安全带
生产场所高空坠落物	在现场必须确保正确佩戴安全帽
生产场所有沟、孔、洞	在现场行走时仔细观察地面的沟、孔、洞，注意安全。现场的沟、孔、洞应设置围栏，禁止跨越

三、涡流法镀层厚度检测

涡流法镀层厚度检测工作工序卡如表 3-13 所示。

表 3–13　　涡流法镀层厚度检测工作工序卡

适用范围	本方法适用于非磁性金属基体上非导电覆盖层厚度的检测，如油漆涂层的厚度
检测依据标准	GB/T 4957—2003《非磁性基体金属上非导电覆盖层 覆盖层厚度测量 涡流法》
质量判定依据	环形混凝土电杆钢箍的防腐涂层质量判定依据 DL/T 646—2012《输变电钢管结构制造技术条件》第 12.8 条规定，干膜厚度应≥ 100μm

续表

质量判定依据	变压器油箱、储油柜、散热器等壳体及 GIS 壳体防腐涂层质量判定依据 DL/T 1424—2015《电网金属技术监督规程》第 6.1.1 条规定，涂层厚度不应小于 120μm
	有机防腐涂层质量判定依据 DL/T 1425—2015《变电站金属材料腐蚀防护技术导则》第 4.6.8 条规定
	输电线路铁塔涂层质量判定依据 DL/T 1453—2015《输电线路铁塔防腐蚀保护涂装》第 8.2.1.3 条规定：C1、C2、C3 大气腐蚀环境，总涂层干膜厚度不小于 120μm；C4 大气腐蚀环境，总涂层干膜厚度不小于 140μm；C5 大气腐蚀环境，总涂层干膜厚度不小于 180μm
仪器设备	铁磁性、电涡流两用型覆层测厚仪
工前准备	（1）检查铁磁性、电涡流两用型覆层测厚仪器、校准标准片等是否完好、齐全
	（2）检查被检工件，工件表面涂层应平整、均匀、颜色一致，无漏涂、起泡、裂纹、气孔和返锈等现象。当试件表面存在影响检测的灰尘、油污等时，应擦拭工件待检部位
	（3）连接探头与主机，开机
	（4）选用无磁性铝基、不锈钢基试片对仪器进行零点校准。推荐使用 50μm 和 150μm 的校准标准片，将两个厚度不同的校准标准片依次放在无磁性铝基、不锈钢基试片上，进行两点校准
检测步骤（不同仪器设备有所不同）	（1）使用经校准后的覆层测厚仪对被检工件进行检测
	（2）测试时，测试点应均匀分布。测试点的位置、数目按下列规定： 1）角钢工件每面测试 3 处各 1 点，且离边缘距离不小于 10mm，4 面共 12 点。 2）钢板工件、环形混凝土电杆钢箍工件每面测试 6 处各 1 点，且离边缘距离不小于 10mm，2 面共 12 点。

续表

检测步骤（不同仪器设备有所不同）	3）钢管工件距端部边缘不小于100mm和中间任意位置各环向均匀测试4点，共取12点。 4）紧固件取各个平面中央位置，不少于5个点。 5）变压器油箱、储油柜、散热器等壳体每块钢板测试12处各1点，且离边缘距离不小于10mm。 6）GIS壳体每个筒节测试12处各1点，且离边缘或其他结构不连续的距离不小于10mm
	（3）检测完毕后关闭覆层测厚仪
	（4）根据相关标准判定镀层厚度是否合格
数据记录与报告出具	检测记录至少应包括以下主要内容：①记录编号；②检测标准；③检测对象；④检测设备名称、型号、编号和器材；⑤检测精度；⑥检测示意图；⑦检测原始数据；⑧检测数据的评定结果；⑨检测和记录人员；⑩检测日期。 检测报告至少要包含以下内容：①报告编号；②检测标准；③检测对象；④检测设备名称、型号和编号；⑤检测精度；⑥检测示意图；⑦检测结果和检测结论；⑧报告编写者和审核者；⑨编制日期

危险源	预防措施
高处作业，防止高处坠落	佩戴安全带
生产场所高空坠落物	在现场必须确保正确佩戴安全帽
生产场所有沟、孔、洞	在现场行走时仔细观察地面的沟、孔、洞，注意安全。现场的沟、孔、洞应设置围栏，禁止跨越